弘 教 系 列 教 材

江西武夷山
植物野外实习手册

主　编　徐卫红

副主编　丁　琤　郭连金

编　著　徐卫红　丁　琤　郭连金　王艾平
林　弘　罗朝晖　吴　娇　黄若男

复旦大学出版社

内容简介

全书由两个部分组成：第一部分包含植物野外实习指导、植物形态学术语、国际植物命名法简介、植物检索表的编制与使用；第二部分是植物分类彩色图册，包括江西武夷山地区较为常见的石松类及蕨类植物、裸子植物、被子植物共 278 种。

本书是江西武夷山地区高等院校生命科学学院师生植物野外实习必备手册，也可供武夷山周边地区植物学研究人员参考。

前　言

植物生物学是生物学类及农学类本科各专业基础课程之一，是一门实践性较强的学科。野外实习是植物生物学教学的重要组成部分，也是理论联系实际、巩固课堂教学理论知识和实验技能的重要环节。在实习过程中，同学们可以通过走进自然来认识我国丰富的植物物种资源；通过野外调查和植物标本的采集与鉴定，掌握植物分类学的基本原理和方法，提高解决实际问题的能力。

武夷山脉位于中国江西、福建两省边境。它属中亚热带季风气候区，区内峰峦叠障，高差悬殊，绝对高差达 1 700 米，良好的生态环境和特殊的地理位置，使其成为地理演变过程中许多动植物的“天然避难所”，物种资源极其丰富，森林生态系统保存很完整，是中国森林茂密的地区之一。该地区已知植物 3 728 种。种子植物类数量在中亚热带地区位居前列，有中国特有属 27 属 31 种，如银杏、水松、南方铁杉以及香榧等为单种属孑遗植物；有 28 种珍稀濒危种列入《中国植物红皮书》，如鹅掌楸、银钟树、南方铁杉、观光木、紫茎等。武夷山的古树名木具有古、大、珍、多的特点，如武夷宫 880 年树龄的古桂、坑上 980 年树龄的南方红豆杉等，具有极高的科研和保存价值。该地区得天独厚的自然环境，给植物创造了适宜的生存条件，这反映了武夷山植物区系的古老性和特殊性。因此，武夷山已成为中外学者

注目之地，也是大专院校和科研单位进行植物野外实习和科学研究的理想基地。

多年来，我们期望有一本以武夷山为基地、适合多专业的植物生物学实习教材。虽然华东地区也有人编写过《植物学野外实习手册》，但其内容是以天目山、庐山等为实习基地编写的，因此我们组织编写了这本《江西武夷山植物野外实习手册》，以满足实习教学的需要。

《江西武夷山植物野外实习手册》以江西武夷山较常见的植物种类为主，收录230种植物。另外，还增加了少部分学校区域分布的植物48种，共计278种。主要包括蕨类植物、裸子植物和被子植物，以文字标注该植物的特征、分布及用途，并配有彩色图片（均为实地拍摄），每种植物配有别名、拉丁名、科、属等信息，内容做到图文并茂。全书共分5章，第一章为植物野外实习指导、第二章为植物形态学术语、第三章为国际植物命名法简介、第四章为检索表的编制与使用、第五章为植物分类彩色图册。

本书属上饶师范学院“弘教系列校本教材”，可作为植物野外实习的教学参考书，也适合从事植物学相关工作的科研人员及业余爱好者参考使用。本书出版还得到郭连金、王艾平、林弘、罗朝晖、吴娇、黄若男等同志的大力协助。

由于编者水平有限，书中不足之处恳请植物界的前辈、同行和读者批评指正。

徐卫红

2017年2月

目 录

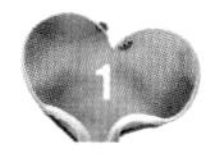

第一章

植物野外实习指导

§1.1 植物野外实习

1.1.1 植物野外实习的目的和意义

植物生物学是一门内容十分广博的学科,研究对象是植物各类群的形态结构、分类和有关的生命活动、发育规律以及植物和外界环境之间多种多样关系的学科。人们掌握了这些规律,就可能很好地认识、控制、改造和利用植物,使它能更好地为人类服务,为生产建设服务。与其他学科一样,植物生物学也是在人们长期的生产斗争和科学实验过程中产生和发展起来的,因此它是一门实践性很强的学科。

植物生物学的教学,除课堂讲授、实验室观察各类植物标本、挂图、幻灯、录像等资料外,野外实习是植物生物学教学一个不可缺少的重要环节。其目的和意义在于:

(1) 印证、扩大、巩固和加强课堂教学内容。如前所述,植物生物学是一门实践性很强的学科,只有做到理论联系实际,增强感性认识,课堂教学的内容才能得到巩固和加强,也只有通过野外实习这样的实践活动,才能够起到扩大知识范围、拓宽知识领域的作用,真正学到课堂上学不到的东西,为将来胜任本专业或其他相关专业的工作打下坚实基础。

(2) 观察、比较及分析植物界各大类群的典型代表植物,探讨各类群之间的形态特征和亲缘关系,充分认识植物界由单细胞到多细

胞、由简单到复杂、由低级到高级、由水生到陆生的演化趋势，树立唯物主义的科学观。

(3) 正确认识植物与环境之间的关系。在自然界中，除极端的例子外，每一个物种都不会是一个孤立的有机个体，而总是以种群(population)的形式存在于自己的分布区中，不同的物种有其特定的分布区，不同的物种又有其不同的生态环境。在一个生态系统中，各物种之间不是杂乱的堆积，而是构成一个有序的空间格局，它们之间相互依存、相互制约，构成一个有机的整体。这些知识只有在自然环境中，才能加深理解。

(4) 重点认识各大植物类群中常见的重要科、属的特征及其经济价值，为合理地开发、利用和保护植物资源打好基础。我国地域辽阔，幅员广大，自然条件复杂，孕育了丰富的植物资源。据统计，仅高等植物约有 470 科，3 700 余属，30 000 余种。其中有许多是北半球其他地区早已灭绝的古老孑遗属种，单种(型)属和少种(型)属约有 1 200余属，更有 200 多个特有属，约 10 000 多个特有种。但是，长期以来由于自然和人为的原因，致使许多有重要科学价值或经济价值的植物遭到严重破坏，数量急剧减少。据估计，在我国约 30 000 种高等植物中至少有 3 000 多种处于受威胁或濒临灭绝的境地。如何合理地开发、利用和保护这些植物资源，是我们的一项光荣而艰巨的任务。

(5) 通过野外实习，使学生初步学会和掌握植物学最基本的野外工作方法，培养独立的工作能力。

(6) 通过野外实习，使学生亲身领略大自然的奇特风光，激发学生热爱祖国、热爱大自然、热爱植物科学的热情。同时，在野外较为艰苦的环境中，培养学生艰苦朴素、吃苦耐劳、独立自主、勇于实践的优良作风。

(7) 采集植物标本，充实植物标本室，为教学和科研提供第一手资料。

1.1.2 植物野外实习的内容及要求

植物野外实习是一项综合性实习，它是运用所学植物学知识去认识植物世界的一项重要的科学实践活动。实习的主要内容及要求有以下 5 个方面：

(1) 学会植物生物学野外工作方法。内容包括怎样调查某一地区的植物资源或植被现状，怎样采集植物标本，怎样做好野外记录，怎样观察植物，怎样制作植物标本，等等。

(2) 熟练掌握解剖花和果、描述植物的技能，熟练掌握运用检索表鉴定植物的基本方法。

(3) 运用上述基本方法，结合所学植物生物学知识，鉴定并识别百余种植物，从而掌握一些重点科、属的重要识别特征。

(4) 尝试编写实习地区的植物名录及检索表，在可能情况下写出该地区的生态环境及植被特征。

(5) 在实习过程中，学生分为若干个实习小组。每个小组有任课教师作指导，每个小组应在教师指导下采集一定数量、合乎质量要求的植物标本。每个学生应根据自己的情况鉴定出一定数量的植物，完成各种实习作业或综合的实习报告。

1.1.3　植物野外实习课程大纲

一、实习目的

植物生物学内容广博，主要研究植物各类群的形态结构、分类方法、生命活动、发育规律、遗传特性以及与外界环境间多种多样的关系。

植物野外实习能够配合植物生物学课堂教学，接触大自然，扩大眼界，做到理论联系实际。学生们学会系统认识植物分类，提高识别植物、记录常见植物以及它们生态分布的能力，并学会标本的采集以及浸制标本、腊叶标本的制作方法。

二、实习要求

根据生物专业教学计划规定，通过野外实习要达到以下要求：

(1) 在孢子植物部分，通过野外实习，识别和记录常见的孢子植物以及它们的生态分布，在理论学习的基础上，进一步了解孢子植物中各大类群和门的特征以及代表植物的结构、生活史、亲缘关系等，从而建立起植物界发展演化的概念，并学会标本的采集、制作等方法。

（2）在种子植物分类部分，通过野外实习，接触大自然，扩大眼界，识别和记录常见种子植物，掌握部分重要的科、属、种的特征、亲缘关系、分布和经济价值等知识，并学会采集植物和制作腊叶标本、浸制标本的方法，包括熟悉检索表和重要工具书的使用。

（3）通过野外实习，每位学生至少要求认识100种植物，并学会部分植物的鉴定。

三、实习内容

植物分类部分包括藻类、蕨类、裸子、被子植物及群落的垂直分布。

（1）植物标本采集：学习植物标本的采集方法（包括标本的选取、整理、编号、整形），并对观察、采集过程和野外资料作详细记录，填写采集记录表（表1-1）。

表1-1　植物采集记录表

标本编号	中文名	拉丁名	采集地点	采集时间	生境海拔	采集人、鉴定人

（2）植物分类鉴定：利用放大镜、显微镜、体视镜等工具，参考《中国植物志》和《江西植物志》等分类资料，对植物进行鉴定。

（3）压制植物标本：掌握不同门类植物的压制方法。

（4）植物标本制作：包括腊叶标本和浸制标本的制作方法。

1.1.4　野外实习注意事项及安全管理规定

野外实习是一项集体活动，又是在野外进行的一项教学实践活

动。它时间短，人员分散，组织管理难度大，因此要求参加实习的全体师生必须遵守下面的规定：

(1) 遵守纪律，服从统一安排，一切行动听指挥。

(2) 注意安全，包括交通安全、饮食卫生、爬山涉水、毒蛇猛兽等方面的安全。

(3) 发扬尊师爱生、团结互助的精神，师生之间、同学之间要互相关心，互相帮助。同时，还要注意与实习基地周围群众的关系，谦虚谨慎，诚恳待人，时时处处体现当代大学生良好的精神面貌。

(4) 发扬艰苦朴素、吃苦耐劳的优良作风。勇于承担艰苦工作任务，主动磨练自己的意志。努力学习，争取在较短的时间内学到更多的东西，做到思想、业务双丰收。

(5) 遵守实习基地的管理制度，爱护当地的一草一木，不损坏住宿宾馆的设备、设施及各种用具，否则照价赔偿。

(6) 遵守实习计划，全体师生准时返校。

1.1.5　野外实习常用的器具及用品(图 1－1)

(1) 实习参考书：《中国高等植物图鉴》《江西植物志》《福建植物志》《中草药图鉴》等。

(2) 野外调查设备：照相机、手持放大镜、海拔高度表、望远镜、GPS 定位仪、对讲机等。

(3) 采集用具：枝剪和高枝剪、采集袋、小手锯、挖根器、吸水纸、标本夹(压夹、背夹)、绳子、标签(号牌)、采集记录本、铅笔、小纸袋、样本记录表等各种野外采集、调查用具。

(4) 药品：如要求制作浸制标本，应准备广口瓶和常用药品(如酒精、福尔马林、冰醋酸等)。

(5) 个人需准备的物品：相关书籍、笔记本、笔、解剖器等学习用具，还有雨具、帽子、球鞋、水壶、手电筒、常用药以及生活必需用品。

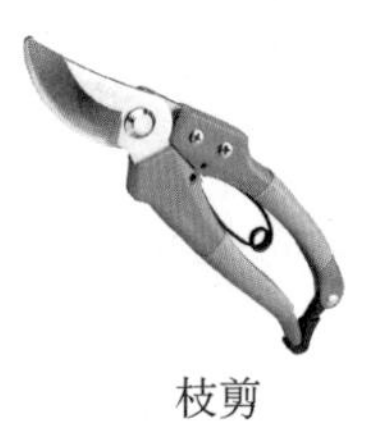

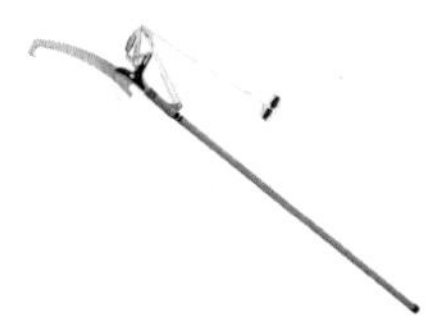

枝剪　　标本夹（背夹、压夹）　　挖根器　　1.5~3米伸缩杆高枝剪

图 1－1　野外实习常用的器具及用品

§1.2　植物标本的采集、制作与保存

植物标本（plant specimen）是解决植物学教具问题的有力手段之一。课堂教学中若有植物的活体，可以加强直观性，有利于学生加深认识，会收到良好的教学效果。使用植物标本，还能够避免部分植物具有区域性、季节性的限制。同时，植物标本保存了植物的形状与色彩，以便日后重新观察与研究。少数植物标本还具有收藏的价值。通常把压制的标本称为**腊叶标本**（herbarium specimen）。**浸制标本**（aquatic specimen）是指用化学药剂配置的保存液将标本浸泡而制成的标本。下面简要介绍植物标本的采集、制作与保存。

1.2.1　腊叶标本的采集、制作与保存

一、腊叶标本的采集

采集的时间最好在有花或果的季节。

采集标本方法应注意的事项如下：

（1）必须采集完整的标本。除采集植物的营养器官外，还必须有花或果，因为花、果是鉴别植物的重要依据。

（2）对有地下茎的科属，应特别注意采集这些植物的地下部分。

（3）采集草本植物，应采带根的全草。如发现茎生叶和基生叶不同时，要注意采基生叶。高大的草本植物，采下后可折成“V”或“N”字形，然后再压入标本夹内，也可以选其形态上有代表性的部分

剪成上、中、下三段分别压在标本夹内，注意编号要一致。

(4) 雌雄异株的植物，应分别采集雌株和雄株以便研究。

(5) 乔木、灌木或特别高大的草本植物，只能采取其植物体的一部分，应尽量采集能代表该植物的一般情况。如有可能，最好拍一张该植物的全形照片，以弥补标本的不足。

(6) 水生植物在提出水面后很容易缩成一团，不易分开，如金鱼藻、水毛茛等，可以用硬纸板从水中将其托起，连同纸板一起压入标本夹内，这样可以保持其形态特征的完整性。

(7) 有些植物一年生新枝和老枝的叶形不同，或新生叶有茸毛或叶背具白粉，而老叶无毛，因此，幼叶和老叶都要采。对先叶开花的植物，采花枝后，待出叶后应在同株上采其带叶和结果的标本，如桃。很多树木的树皮颜色和剥裂情况是鉴别植物种类的依据，因此，应剥取一块树皮附在标本上。

(8) 对寄生植物的采集，应注意连同寄主一起采下，并要分别注明寄生或附生植物及寄主植物，如菟丝子。

(9) 采集标本的份数规定一般采 2～3 份，作同一编号，每个标本上都要系上号牌。

二、腊叶标本的制作

(1) 对采得的标本，要马上放在标本夹的吸水纸(草纸或报纸)中进行压制。压制标本时，首先要对采集到的标本进行修整，对较长的草本植物，如禾本科植株，可以把它们折成“V”字形，使其长度不超过 45 厘米(将来标本要装订在称作台纸的硬纸板上，台纸的宽度和长度分别为 30 和 42 厘米)，也可以根据需要压制更大的标本。修整后的标本要能表现其自然状态，如果枝、叶、果太密，可适当剪去一部分，以免重叠影响观察和压干。此外，在压制标本时，还要注意叶片不可全部腹面朝向上方，要有一部分叶片背面朝上，这样才能看到叶的背腹两面的特征。

(2) 对于多汁的果实、大型块根、根茎、鳞茎等，一般用化学药品浸制。如需压制块根和块茎，可将其切去一半或切成几片较薄的横

切片后，放在一张白纸上(由于肉质根、茎中常有汁液，易使标本与吸水纸黏在一起)，压入标本夹中。亦可用沸水将块根、块茎或肉质茎、叶烫死后压制，否则不易压干。

(3) 将修整好的标本平展在吸水纸上，每份标本上加4～5张或较多的吸水纸，以吸收标本里的水分(吸水纸应选用吸水性较强的为宜)。在靠近标本夹处，应多放几层(7～8层)吸水纸，然后两夹夹紧，用绳捆好。在展放标本和捆扎时，尽量使标本与吸水纸贴近，不留空隙，这样标本就会压得很平，可避免发生皱缩。捆扎好的标本夹要放在通风之处，每夹的厚度不超过15～16厘米。

(4) 以后每天换纸1～2次。换纸的方法有两种：对于坚硬、不易落叶、不易变形的标本，可直接用手提起，置于干燥的吸水纸上；对于柔软而易变形或易于落叶、落花、落果的标本，则可将干燥的吸水纸放于该标本上，然后连同底层旧吸水纸一同翻转，翻转后除去翻上来的旧吸水纸即可。在第一次换纸时，还要用镊子进行修整，对没有展平的叶片、花瓣等要把它们展平，然后换纸。这样连续更换吸水纸，大约一星期即可压干。压干的标本可暂存在吸水纸中，等待将来装订在台纸上。换下的湿纸，应及时晒干再用，如遇阴天、雨天，可用火烤，以便轮回使用。

(5) 干制后的标本上台纸之前必须进行消毒，以杀死附着在其上的害虫和虫卵。将标本放入密闭的容器内，用硫磺或四氯化碳熏蒸3天后取出，便可上台纸、制作腊叶标本。

(6) 腊叶标本上台纸是植物标本后期制作的重要环节。将干燥消毒好的标本放在台纸上，摆好位置，进行固定。固定时要注意标本的科学性、艺术性。固定可用结实的细纸条或玻璃纸条贴在枝条上，再将纸条两端黏在台纸上，或用小刀在固定处切一道小口，把纸条的端头穿过小口，贴在台纸的背面。也可用白棉线把标本钉在台纸上。小植物标本或枝条柔软的标本，可用胶水涂在标本的背面，直接黏贴在台纸上。

标本上完台纸后，要鉴定出正确的名称，然后根据标签的要求填写好内容，在台纸右下角贴上标签(图1-2)。最后将一张与台纸同样大小的标本衬纸贴在台纸上端边缘，使标本得到保护。

植物腊叶标本标签
标本采集人：
科名中文名：
拉丁名：
采集地点：
采集时间：　　年　　月　　日

图 1－2　标签

(7) 保存腊叶标本应分门别类放在标本柜或标本箱内，标本之间应放樟脑丸，以防蛀虫。春天和多雨季节应将标本放在通风干燥处，以防标本发霉。如有标本室，最好在初春关好门窗，将福尔马林溶液在酒精灯上加热，用其蒸气熏杀虫、菌 3 天，可防虫蛀霉烂。

1.2.2　浸制标本的采集、制作与保存

浸制标本(图 1－3)是对那些柔软多汁、不易干燥或干燥后易变形的植物材料制作标本所采用的方法。浸制过程包括固定和保存两个步骤，根据植物颜色的不同，采用不同的制作方法。

图 1－3　植物浸制标本

一、浸制标本的程序

浸制标本程序如下：清洗标本，缚于玻璃棒(条)上；放入药液标本缸中，药液应浸没标本；蜡封瓶盖；贴上标签。

二、浸制药液的配方

(1) 普通浸制使用70%酒精或5%～10%甲醛水溶液，目的在于防腐。酒精浸制可以长期保存，但易脱色；甲醛水溶液价廉，也能保存一定颜色，但药液易变黄。浸制时大的果实应切开，以达彻底防腐的目的。溶液浓度试定。

(2) 保存绿色浸制法：将醋酸铜粉末加入50%冰醋酸中，渐至饱和，将饱和液加清水以1：4的比例稀释，加热至85℃，放入标本；少时标本变为黄绿色或褐色，继而转绿，重现原有色泽；10～30分钟后，将标本取出，用水清洗，放入50%甲醛水溶液保存。

(3) 保存红色浸制法：先放入1%甲醛、0.08%硼酸中浸1～3天，标本由红转褐，取出清水洗净，置入1%～2%亚硫酸、0.2%硼酸溶液中即可。如仍发绿，可加少量硫酸铜。

(4) 保存黄色、黄绿色标本的浸制法：用0.3%～0.5%亚硫酸溶液1 000毫升、95%酒精10毫升、40%甲醛5～10毫升的混合液直接保存。

(5) 硫酸镁保鲜法：用不同浓度的硫酸镁依次由低浓度向高浓度过渡，适用于各种颜色的保鲜。

第二章

植物形态学术语

植物形态学是植物生物学野外实习的重要内容和必备基础，也是进行植物分类学野外实习的最重要的依据。通过实习，应能初步掌握常用形态术语，并在有关植物分类、描述、标本采集和植物生态学实习中反复运用以巩固所学的知识。在野外实习中，必须正确掌握和熟练使用植物的外部形态术语，将所学理论知识与野外植物实际相结合。植物形态学的野外观察和实习可以单独进行，如通过收集、比较各种形态类型的植物，掌握和熟练使用植物的外部形态术语，也可以通过植物分类学野外实习完成这部分内容的实习任务。

§2.1 苔藓植物、蕨类植物的常用形态术语

2.1.1 苔藓植物的常用形态术语

(1) 原丝体：苔藓植物孢子萌发后形成的绿色、分枝的丝状体或片状体。

(2) 茎叶体：有茎、叶分化的苔藓植物的植物体。

(3) 叶状体：苔类植物中，呈片状而没有茎与叶分化的植物体。

(4) 配子体：由孢子萌发和发育形成的茎叶体或叶状体部分，多为绿色，能营独立生活。

(5) 孢子体：由受精卵发育而成，并可产生孢子的构造；通常分为 3 部分，上部为孢蒴（孢子囊），孢蒴下部的柄称为蒴柄，蒴柄最下部伸入配子体中吸收营养的部分称为基足。

(6) 假根：苔藓植物体基部或腹面的单细胞或多细胞丝状组织，营固着和吸收作用。

(7) 背翅：叶片背面延伸的片状构造。

(8) 中肋：藓类植物叶片中央的类似于叶脉的构造。

(9) 腹叶：苔藓植物中，着生于植物体腹面的叶片，通常小且与侧叶异形。

(10) 苞叶：多指颈卵器周围的叶片，通常与营养叶异形。

(11) 蔽前式：苔类植物中，由植物体背面观后叶前缘蔽覆前叶后缘的排列方式。

(12) 蔽后式：苔类植物中，由植物体背面观前叶后缘蔽覆后叶前缘的排列方式。

(13) 芽孢：能营营养繁殖作用的单细胞或多细胞的条状或圆盘状构造。

(14) 生殖托：地钱类中，由叶状体形成的着生颈卵器和精子器的片状组织；分雄生殖托和雌生殖托。

(15) 蒴齿：孢蒴口部着生的能随水湿而运动的齿状构造，可帮助散放孢子。

(16) 蒴帽：覆盖在孢蒴上部的保护性的结构。

(17) 蒴盖：孢蒴上部能开裂的部分。

2.1.2 蕨类植物的常用形态术语

(1) 原叶体：蕨类植物的孢子体。

(2) 能育叶(孢子叶)：能产生孢子的叶子。

(3) 营养叶：不产生孢子、仅进行光合作用的绿色普通叶。

(4) 同型叶：植物体无孢子叶和营养叶之分，且叶片形态相同。

(5) 异型叶：植物体有孢子叶和营养叶之分，且叶片形态完全不同。

(6) 孢子囊：产生孢子的器官。

(7) 孢子囊群：一般生于蕨类植物叶子下面或边缘的一群孢子囊，有各种形状。

(8) 囊群盖：覆盖或保护孢子囊的保护器，有多种形状。

(9) 孢子囊穗：较原始的蕨类植物的孢子囊生于特化的叶片或苞片上，组成穗状的孢子叶球或圆锥状的孢子叶序。

§2.2 裸子植物器官的常用形态术语

(1) 孢子叶球(球花)：孢子叶聚生所形成的球状的生殖器官，由小孢子叶聚生形成的为**小孢子叶球(雄球花)**，由大孢子叶聚生形成的为**大孢子叶球(雌球花)**。小孢子叶相当于被子植物的**雄蕊**，大孢子叶相当于被子植物的**雌蕊**。

(2) 球果：松、杉类植物的果实，即果期的大孢子叶球。

(3) 珠领：银杏的大孢子叶特化环状，围绕胚珠。

(4) 珠鳞和苞鳞：松柏类植物特化的大孢子叶，其中具生殖能力的称为**珠鳞**，失去生殖能力的称为**苞鳞**。

§2.3 种子植物营养器官的形态术语

2.3.1　根

一、根

根据根的发生情况，可分为主根、侧根和不定根3种。

(1) 主根：种子萌发后，由胚根生长出来的根称为**主根或初生根**。

(2) 侧根：由主根分枝形成的支根，称为**侧根**。

(3) 不定根：在主根和侧根以外的部分，如茎、叶或胚轴上生出的根，统称为**不定根**。

二、根系

一株植物地下部分根的总和称为**根系**。根系有直根系和须根系两种基本类型。

(1) 直根系：有明显的主根和侧根区别的根系。大多数双子叶植物和裸子植物为直根系。

(2) 须根系：主根停止生长或生长缓慢，而由胚轴或茎下部的节上生出的不定根组成的根系，大部分单子叶植物为须根系。

三、变态根

变态根主要有贮藏根、气生根和寄生根 3 种类型。

(一) 贮藏根(图 2-1)

根据来源，贮藏根分为肉质直根和块根两类。

(1) 肉质直根：由主根肥大发育而成，里面贮藏大量养分的根，从形态上包括圆锥根、圆柱根、圆球根，如萝卜、胡萝卜、甜菜的肉质根。

(2) 块根：由不定根或侧根肥大发育而成的贮藏根，从形态上包括块根、纺锤根，如大丽花、甘薯。

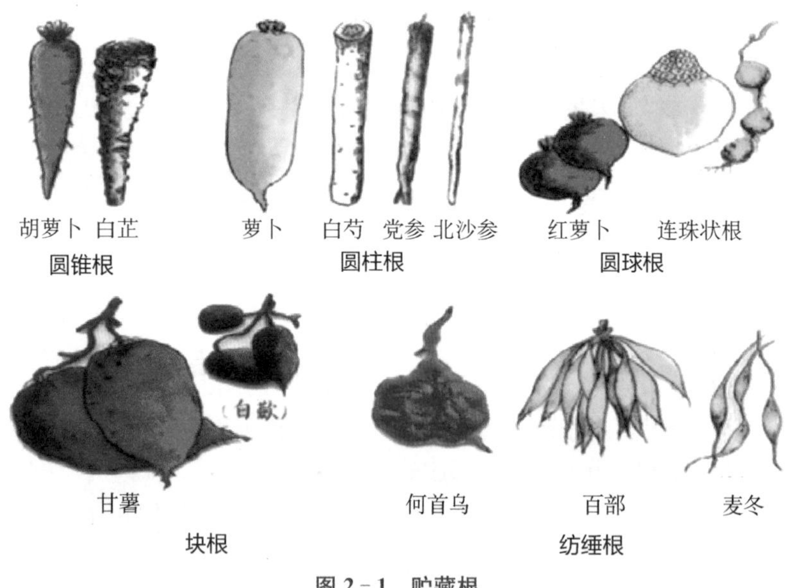

图 2-1 贮藏根

(二) 气生根(图 2-2)

气生根是生长在地面以上空气中的根，主要有支持根、攀援根和呼吸根 3 种。

(1) 支持根：从近地面茎节上生出的不定根延长后伸入土中，形成能支持植物体的辅助根系，称为支柱根，如玉米。

(2) 攀援根：因植物体细弱，植物体靠气生根攀援，称为**攀援根**，如常春藤。

(3) 呼吸根：一些生长于沼泽地带的植物，其部分侧根从淤泥中向上生长，露出水面，能行呼吸作用的根，称为**呼吸根**，如红树。

支持根

攀援根

呼吸根

图 2-2　气生根

(三) 寄生根

一些寄生植物以突起状的不定根(吸器)伸入寄主茎的组织内，吸取寄主体内的养料和水分，这种根称为**寄生根**，如菟丝子。

2.3.2　茎

一、茎和枝条的形态特征

茎是叶、花、果等器官着生的轴，着生叶和芽的茎称为**枝条**和**小枝**。

(一) 节和节间

在茎上着生叶的部位称为**节**，两节之间的部分称为**节间**。

(二) 长枝和短枝

不同的植物，节间的长度是不同的。一般来讲，节间显著伸长的枝条称为**长枝**；节间显著短缩，各节紧密相接的枝条称为**短枝**。

(三) 叶痕与托叶痕

叶从小枝脱落后留下的痕迹叫**叶痕**。叶痕的形状、大小多与叶柄形状有关。有些树木在叶痕两侧还有托叶脱落后遗留的**托叶痕**，如玉兰的托叶痕呈环状。此外，顶芽开展时外面的芽鳞脱落后在茎上留下的痕迹叫**芽鳞痕**(芽鳞痕可以用于判断枝条的年龄)。

(四) 皮孔

皮孔是枝条上的通气结构,其形状、大小、分布密度、颜色因植物种类而异。

二、茎的主要类型(图 2-3)

根据茎的质地,可分为草质茎和木质茎两种。

(1) 草质茎:茎的木质部不发达,而为草质,通常较柔软。具有草质茎的植物称为**草本植物**。

(2) 木质茎:茎显著木质化,通常坚硬。具有木质茎的植物称为**木本植物**。

根据茎的生长习性,可分为直立茎、平卧茎、匍匐茎、攀援茎和缠绕茎 5 种。

(1) 直立茎:茎垂直于地面。绝大多数植物的茎为直立茎。

(2) 匍匐茎:茎平卧于地面,但在节上生根,如草莓、蕨麻等。

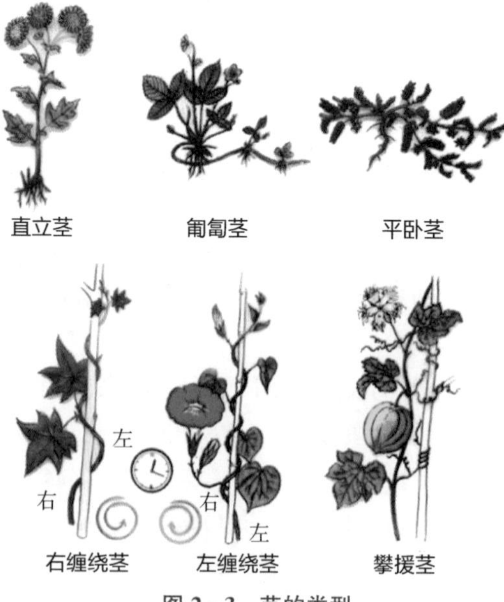

图 2-3　茎的类型

(3) 平卧茎：茎平卧于地面，节上不生根，如地锦草等。

(4) 缠绕茎：借助植物体本身缠绕他物而上升的茎。具有这种茎的植物称为缠绕藤本，如北五味子、牵牛等。

(5) 攀援茎：借助卷须、吸盘或其他特殊器官攀附着他物而上升的茎。具有这种茎的植物称为攀援藤本，如葡萄、爬山虎。

三、茎的变态

(一) 地下茎的变态(图 2-4)

生于地下的茎虽然与根相似，但由于它仍具有茎的特征(如有叶、节和节间，叶常退化为鳞片，叶腋内有腋芽等)，故与根很容易区别。常见的变态地下茎有根状茎、块茎、鳞茎和球茎 4 种。

(1) 根状茎：横卧或直立的多年生地下茎，有明显的节和节间，如芦苇、竹、莲等。

(2) 块茎：短而肥厚肉质的地下茎，节间很短，如马铃薯、菊芋等。

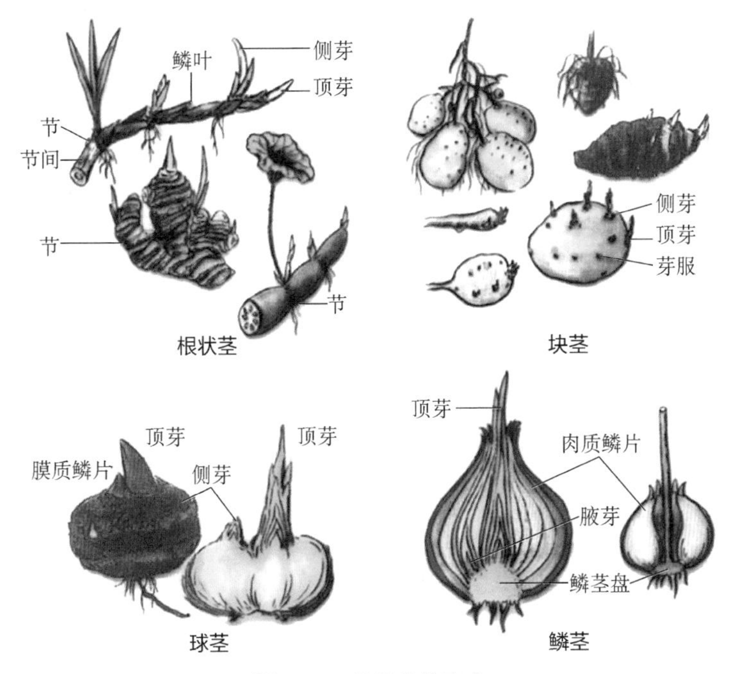

图 2-4　地下茎的变态

(3) 球茎：肥厚肉质的球形地下茎，外面生有膜质鳞片，鳞片内有芽，如荸菇、荸荠等。

(4) 鳞茎：由许多肥厚的肉质鳞片(叶)包围的扁平或圆盘状的地下茎，如洋葱、百合、蒜、石蒜等。

(二) 地上茎的变态(图 2-5)

(1) 叶状茎(叶状枝)：茎或枝扁平，变成叶状，呈绿色，如仙人掌、天门冬。

(2) 刺状茎：由腋芽长成硬针刺，即茎转变成刺，如山楂、皂角树。

(3) 茎卷须：由枝特化成的卷须，如葡萄、黄瓜。

(4) 小块茎和块茎：腋芽处常形成的肉质小球，如黄独。

地上茎的变态

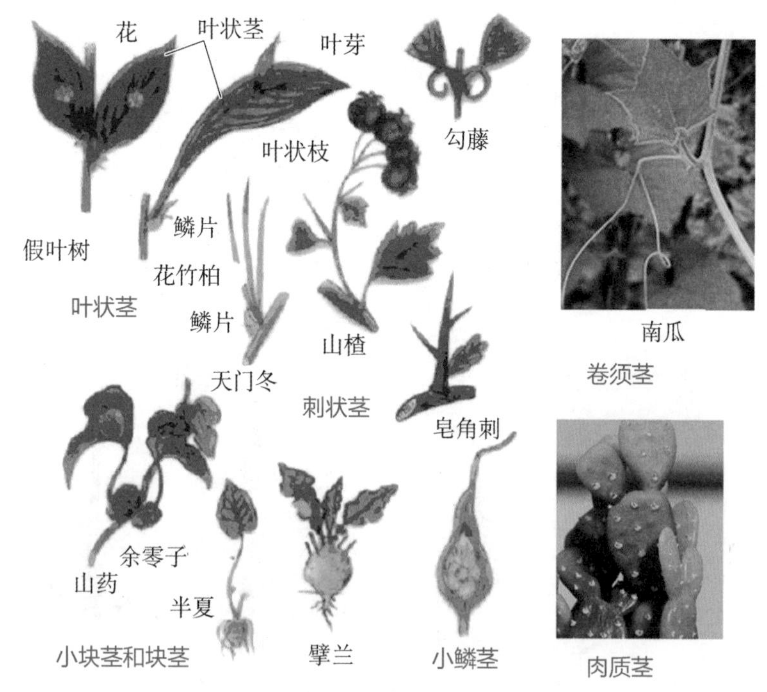

图 2-5　地上茎的变态

（5）小鳞茎：大蒜的花间常形成小球体，具有肥厚的小鳞片，也叫珠芽。

（6）肉质茎：茎肉质多汁，如仙人掌。

四、芽(图 2-6)

芽是处于幼态而未伸展的枝条、叶或花。

按着生位置，可划分为顶芽、侧芽和不定芽 3 种。

（1）顶芽：生在主干或枝条顶端的芽。

（2）侧芽：着生在枝的侧面叶腋内的芽，通常一个单生。当腋芽超过一个时，后生的芽称为**副芽**，如金银花。被叶柄膨大的基部覆盖的腋芽叫**叶柄下芽**，如悬铃木。

（3）不定芽：除去顶芽与腋芽以外，着生于根、茎的节间、叶片等非固定部位上的芽叫**不定芽**，如刺槐根部的不定芽、柳树老茎上的芽、秋海棠叶上的不定芽等。

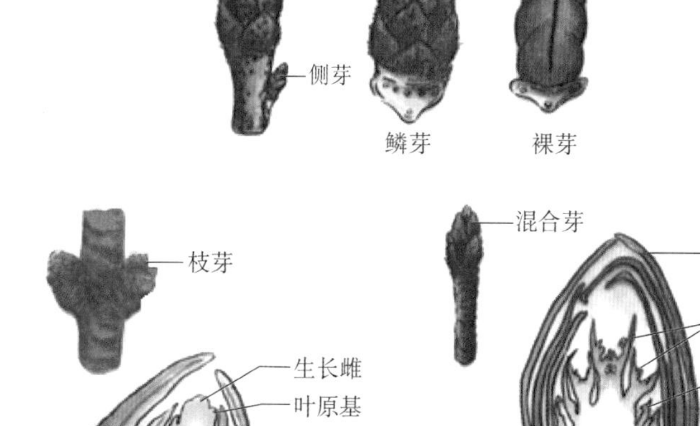

图 2-6　芽的主要类型

按芽鳞的有无，可分为鳞芽和裸芽两种。

(1) 鳞芽：外面生有鳞片(变态叶)包被的芽，称为**鳞芽**。

(2) 裸芽：没有鳞片包被的芽称为**裸芽**。

按芽将形成的器官，可分为枝芽、花芽和混合芽3种。

(1) 枝芽：发育为枝的芽，有时也被不恰当地称为叶芽。

(2) 花芽：产生花或花序的芽。

(3) 混合芽：同时产生枝和花(花序)的芽。

按芽的活动状态，可分为活动芽和休眠芽两种。

(1) 活动芽：在生长季节活动的芽，即能在生长季节形成新的枝、花或花序的芽。

(2) 休眠芽：在生长季节不生长而处于休眠状态的芽。

五、茎的分枝方式

各种植物由于其芽的性质和活动情况不同，所产生的枝的组成和外部形态也不同，因而分枝的方式各异，但植物的分枝有一定的规律，种子植物的分枝方式一般有下列3种。

(1) 单轴分枝：由顶芽不断向上生长形成主轴，主轴上的腋芽形成侧枝，但不及主轴粗、长，这种分枝也称为**单轴分枝**，又称**总状分枝**，如云杉、杨树等。

(2) 合轴分枝：顶芽只活动一定时间便死亡，或生长极慢，或为花芽，而由紧邻顶芽下方的腋芽伸展，代替原来的主轴，每年同样地交替进行，如此多次变换，这种分枝方式称为**合轴分枝**，如苹果、桑、棉花等。

(3) 假二叉分枝：具对生叶的植物，在顶芽停止生长后，由顶芽下的两侧腋芽同时发育成二叉状分枝，这是合轴分枝的一种特殊形式，如丁香、石竹等。

此外，由生长锥直接分为叉状的两个新生长锥并各自长成新枝的分枝方式，称为**二叉分枝**。这种分枝方式常见于低等植物、部分苔藓植物和蕨类植物中。

六、髓(图 2－7)

各种植物髓的结构存在一定差异,可分为实心髓、片状髓和空心髓 3 种。

(1) 实心髓：枝条中心具连续而丰满的髓,其横切面有圆形、卵圆形、三角形、近方形、五角形、多边形等各种形状。

(2) 片状髓：枝条中心具片状分隔的髓,如杜仲、胡桃。

(3) 空心髓：小枝中部空洞无髓,如连翘。

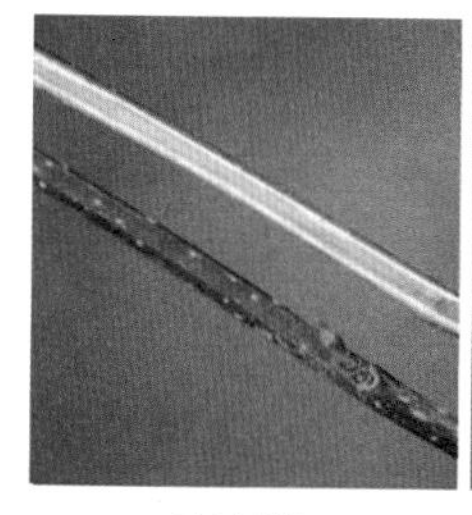

实心髓

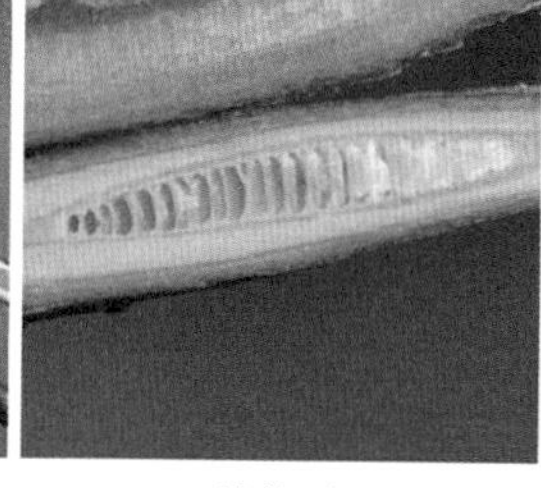

片状髓

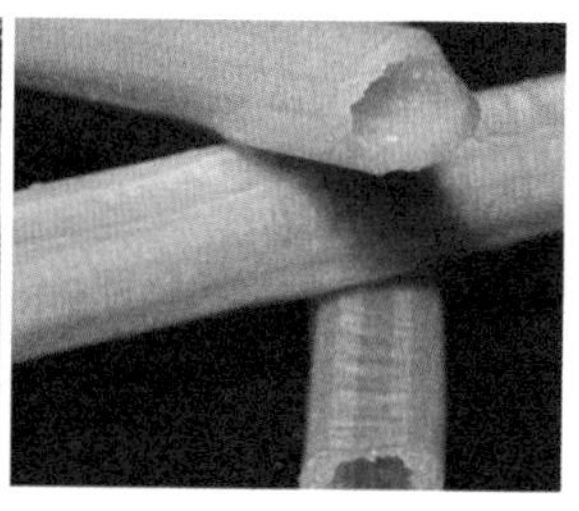

空心髓

图 2－7　髓的结构

2.3.3　叶

一、叶的组成

叶一般由叶片、叶柄和叶托 3 部分组成,但不是所有植物的叶均具有这 3 部分。

(1) 完全叶：具有叶片、叶柄和托叶 3 部分的叶称为**完全叶**。典型叶片为薄片状,内有叶脉。**叶柄**是连接叶片与茎的部分。**托叶**是叶柄基部的附属物,通常为两枚,细小,有的早期脱落,如桃、月季等。

(2) 不完全叶：仅有叶片、叶柄和托叶中其一或其二的叶,称为**不完全叶**。

无托叶的不完全叶较普遍,如丁香、白菜等。没有叶柄的不完全叶叫**无柄叶**;叶片基部抱茎的叫**抱茎叶**;叶片基部延伸到茎上形成翼状或棱状的叫**下延叶**;如果叶基两侧裂片围绕茎部,称**穿茎叶**;如缺乏叶片而叶柄扁化成叶片状的,叫**叶状柄**,如台湾相思树。以上各类均属于不完全叶。

(3) 禾本科等一些单子叶植物叶的形态：由叶片和叶鞘两部分组成，为**无柄叶**。叶片与叶鞘连接处外侧色泽不同，叫**叶环或叶颈**，而在内侧（腹侧）常有膜状突起物，叫**叶舌**。在叶舌两侧，从叶片基部边缘伸出的一对耳状突出物叫**叶耳**。

二、叶的变态(图 2-8)

(1) 苞叶：生在花或花序外围或下方的变态叶。如在总花梗和花梗上同时具有苞片，则前者称为**总苞**，后者称为**小苞片**。

(2) 叶卷须或托叶卷须：由叶或托叶变态成卷须。前者如豌豆，后者如菝葜。

(3) 鳞叶：叶的功能特化或退化成鳞片状，称为**鳞叶**。分为两种，一种是木本植物鳞芽外侧的鳞叶，起保护幼芽的作用，无叶片、叶柄的区分；另一种是地下茎上的鳞叶，有肉质和膜质两类，如洋葱。

图 2-8　叶的变态

(4) 叶刺与托叶刺：由叶或托叶变态成的刺状物。前者如仙人掌科植物，后者如刺槐。

(5) 捕虫叶：能捕食小虫的变态叶，如瓶状的(猪笼草)、褒状的(狸藻)等。

三、叶序(图 2-9)

叶在茎上排列的方式称为叶序。

(1) 互生：每个节上只生一片叶，在茎上交互而生(包括 1/2 互生、1/3 互生、2/5 互生)，如杨、苹果等。

(2) 对生：在茎的每个节上着生两片叶，并相对排列(包括二列对生和交互对生)，如石竹、丁香、忍冬等。

(3) 轮生：在茎的一个节上生有 3 片或更多的叶，并呈车轮状着生，如夹竹桃、黑藻、茜草等。

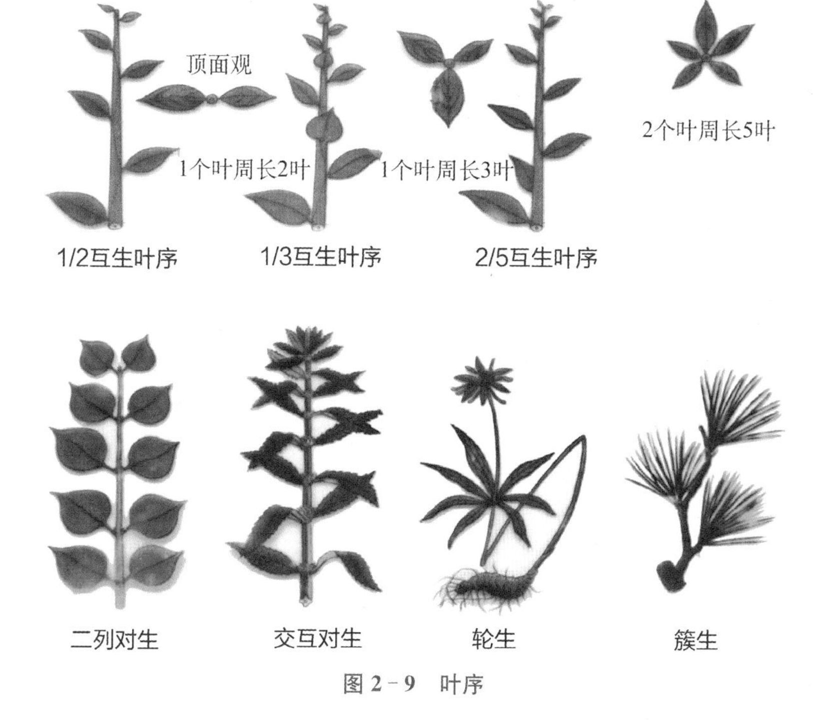

图 2-9 叶序

(4) 簇生：由于节间极度短缩，使叶成簇生于短枝上，如银杏、落叶松等。

(5) 基生：植物无明显的地上茎，叶从植株贴地面的基部生出，如蒲公英等。

四、叶的形状

叶的形状和大小变化多样，叶的形状包括叶片的形状以及叶尖、叶基、叶缘的形状等。叶的形状是区别植物种类的重要根据之一。下列术语虽然常用于描写叶的形状，但也同样适用于萼片、花瓣等其他扁平器官的描述。

(一) 叶片的形状(叶形)(图2-10)

通常以叶片长与宽的比值以及最宽处的位置来决定叶片的形状。

(1) 针形：细长而顶端尖锐，如松属植物等。

(2) 线形(条形)：叶片狭而长，长约为宽的5倍以上，且从叶基到叶尖的宽度几乎相等，两侧边缘近平行，如韭菜。

(3) 披针形：长约为宽的4～5倍，中部或中部以下最宽，向上下两端渐狭，如垂柳、桃。如中部以上最宽，则为倒披针形。

(4) 钻形：长而细狭的大部分带革质的叶片，自基部至顶端渐变细瘦而顶端尖。

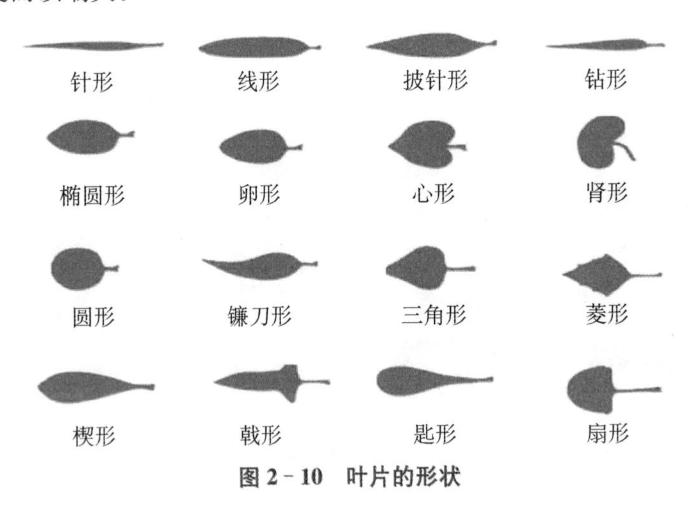

图2-10 叶片的形状

(5) 椭圆形：长为宽的3～4倍，但两侧边缘不平行而成弧形，顶、基两端略相等。

(6) 卵形：形如鸡卵，中部以下较宽；倒卵形是卵形的颠倒，即中部以上较宽。

(7) 心形：长宽比例如卵形，但基部宽圆而凹缺；倒心形是心形的颠倒，即顶端宽圆而凹缺，这个凹缺叫**湾缺**，如紫荆。

(8) 肾形：形如肾状，如积雪草。

(9) 圆形：形如圆盘状，如王莲。

(10) 镰刀形：狭长形，弯曲如镰刀，如合欢。

(11) 三角形：基部宽呈平截形，3边几乎相等，如杠板归。

(12) 菱形：等边斜方形，如乌桕。

(13) 楔形：上端宽，而两侧向下成直线渐变狭。

(14) 戟形：叶片形如戟状，即基部两侧的小裂片向外。

(15) 匙形：全长狭长，上端宽而圆，向下渐狭，形如汤匙。

(16) 扇形：顶端宽而圆，向下渐狭，像扇状，如银杏。

(二) 叶尖的形状(图2-11)

叶片的先端即**叶尖**。不同植物叶片先端的形状多样，常见的如下。

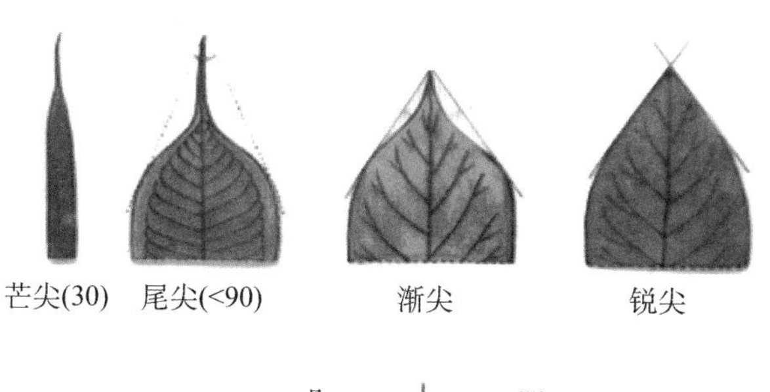

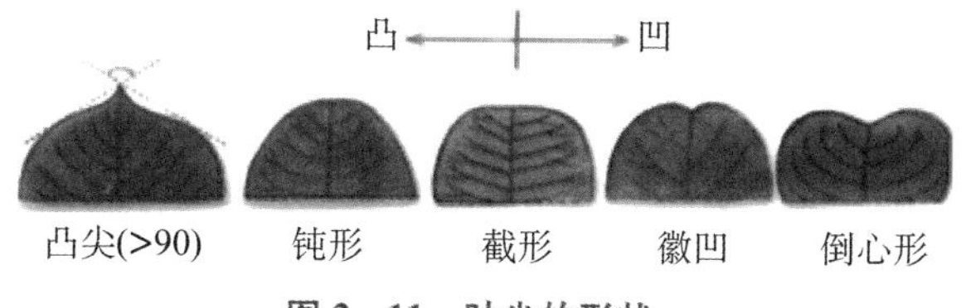

图2-11　叶尖的形状

(1) 芒尖：凸尖延长成一芒状的附属物。

(2) 尾状：先端有尾状延长的附属物。

(3) 渐尖：尖头延长，但有内弯的边。

(4) 锐尖：尖头成一锐角形而有直边。

(5) 凸尖：由中脉延伸于外而成一短锐尖。

(6) 钝形：先端钝或狭圆形。

(7) 截形：先端平截而多少成一直线。

(8) 微凹：先端稍凹入。

(9) 倒心形：颠倒的心脏形，或一倒卵形而先端深凹入。

(三) 叶基的形状(图 2-12)

由于叶片局部生长情况的差异，叶片基部有各种形态，常见的如下。

(1) 楔形：中部以下向基部两边渐变成狭形如楔子。

(2) 渐狭：向基部两边变狭的部分更渐进，与叶尖的渐尖类似。

(3) 下延：叶片下延到叶柄。

(4) 钝形：见叶尖。

(5) 截形：见叶尖。

(6) 心形：基部在叶柄连接处凹入成缺口，两侧各有一圆裂片。

(7) 偏斜：茎部两侧不对称。

(8) 箭形：基部两侧的小裂片向后并略向内。

(9) 耳形：基部两侧各有一耳垂形的小裂片，这种裂片特称为垂片。

(10) 戟形：基部两侧的小裂片向外。

(11) 盾形：叶柄生于叶背面。

(12) 抱茎：见叶茎部抱住茎干。

(13) 穿茎：见茎干穿过叶片。

(14) 合生穿茎：对生叶的基部两侧裂片彼此合生成一整体，而恰似茎贯穿在叶片中。

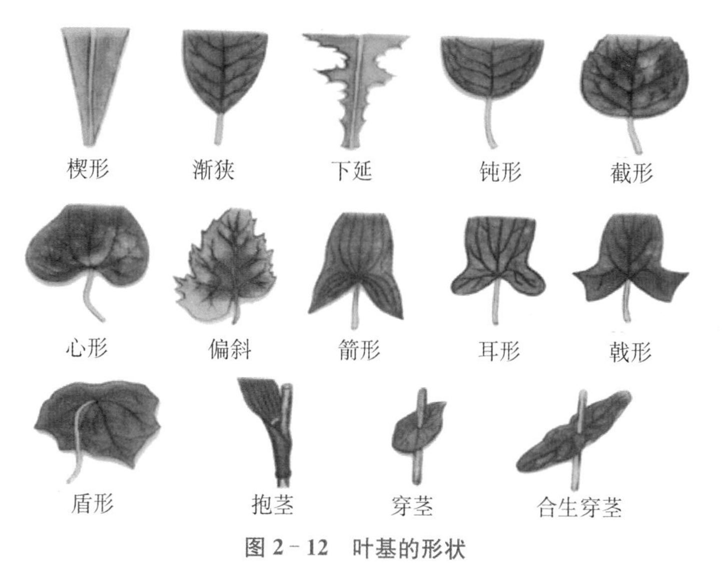

图 2－12 叶基的形状

(四) 叶片边缘的形状(图 2－13)

叶片的边缘称为**叶缘**。叶缘的形态各异,常见的如下。

(1) 全缘:叶缘成一连续的平滑线,不具齿和缺刻,如紫丁香。

(2) 浅波缘:边缘有凹凸起伏,形如微浪状。

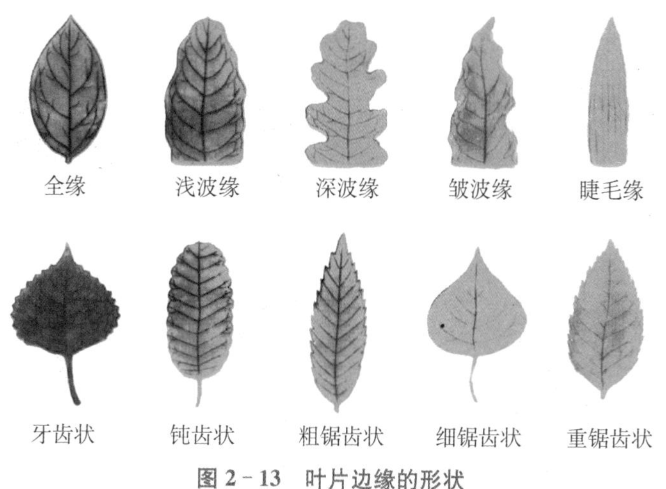

图 2－13 叶片边缘的形状

(3) 深波缘：边缘有较深的凹凸起伏。

(4) 皱波缘：波纹呈皱褶状。

(5) 睫毛缘：边缘有外伸纤细睫毛状物。

(6) 牙齿状：边缘的锯齿尖锐，且齿端向外。

(7) 钝齿状：边缘具有齿端向外的钝齿。

(8) 粗锯齿状：边缘具有齿端向前的尖锐的粗锯齿。

(9) 细锯齿状：边缘具有齿端向前的尖锐的细锯齿。

(10) 重锯齿状：锯齿的边缘还有锯齿。

此外，叶缘的分裂又有掌状分裂和羽状分裂之分。

五、单叶与复叶(图 2-14)

(1) 单叶：一个叶柄上只生一张叶片，如杨树、向日葵。

(2) 复叶：一个总叶柄(叶轴)上着生两张以上的叶片，其中每张叶片称为**小叶**，有小叶柄或无。

单叶

三出掌状复叶

五出掌状复叶

七出掌状复叶

奇数羽状复叶

偶数羽状复叶

二回偶数羽状复叶

二回奇数羽状复叶

三回奇数羽状复叶

三出羽状复叶

单身复叶

图 2-14　单叶与复叶

根据小叶着生方式，复叶可分为掌状复叶、羽状复叶和单身复叶 3 种。

（1）掌状复叶：小叶着生在总叶柄顶端，小叶柄呈掌状辐射排列。根据叶柄情况，又可区别为三出掌状复叶（小叶柄近等长）、五出掌状复叶和七出掌状复叶。

（2）羽状复叶：小叶呈羽毛状着生在总叶柄两侧，如洋槐。其中，小叶直接着生在总叶柄上的，称**一回羽状复叶**或简称羽状复叶，如月季。总叶柄分枝一次或二次，在分枝上着生小叶的，分别称为**二回羽状复叶或三回羽状复叶**，其分枝称为**羽片**。若仅有 3 枚小叶，称为**三出羽状复叶**。根据顶生小叶的数目，又可分为奇数羽状复叶和偶数羽状复叶两种：

① 奇数羽状复叶：一个复叶上的小叶总数为单数，如洋槐、蚕豆。

② 偶数羽状复叶：一个复叶上的小叶总数为复数，如落花生。

（3）单身复叶：由于三出复叶的两侧小叶退化，仅留一枚顶生小叶，总叶柄下延成翅，外形很像单叶，如柚等。

单叶与复叶有时易于混淆：一般可以根据芽着生情况等加以判别：

（1）单叶叶腋内有腋芽，小叶的叶腋内无腋芽。

（2）复叶叶轴顶端无顶芽，具单叶的枝条有顶芽。

（3）复叶死亡时小叶先脱落，总叶柄后脱落，单叶则叶柄和叶片同时脱落。

（4）小叶与叶轴在一个平面，单叶与小枝成一定的角度。

六、叶脉类型（图 2-15）

叶脉在叶片中的排列方式称为脉序。脉序主要有网状脉、平行脉、二歧状脉 3 种类型。

（1）网状脉：叶脉分枝（小脉）互相连接形成网状。网状脉具体包括羽状脉和掌状脉两种。

① 羽状（网）脉：中脉（主肋）显著，两侧分生羽状排列的侧脉，侧

脉与主脉夹角多成锐角，如鹅耳枥。

② 掌状（网）脉：数条主脉从叶片基部辐射出生，呈掌状分叉，其中仅有 3 条主脉时，称为三出脉。

（2）平行脉：各叶脉平行排列，没有明显的小脉联结，多见于单子叶植物，如玉米、水稻、竹类、芭蕉等。平行脉具体包括直出脉、侧出脉、射出脉和弧形脉 4 种。

① 直出平行脉（直出脉）：各侧脉与中脉平行排列直达叶端，如玉米、水稻等。

② 侧出平行脉（侧出脉）：各侧脉自中脉分出走向叶缘，如芭蕉、美人蕉等。

③ 射出脉：盾状叶的叶脉从叶中部向各方辐射伸出，如棕榈、蒲葵等。

④ 弧形脉：中脉直伸，侧脉成弧形弯曲，如玉簪等。

（3）二歧状脉：叶脉连续二叉状分枝，侧脉先端不相连接，如银杏。

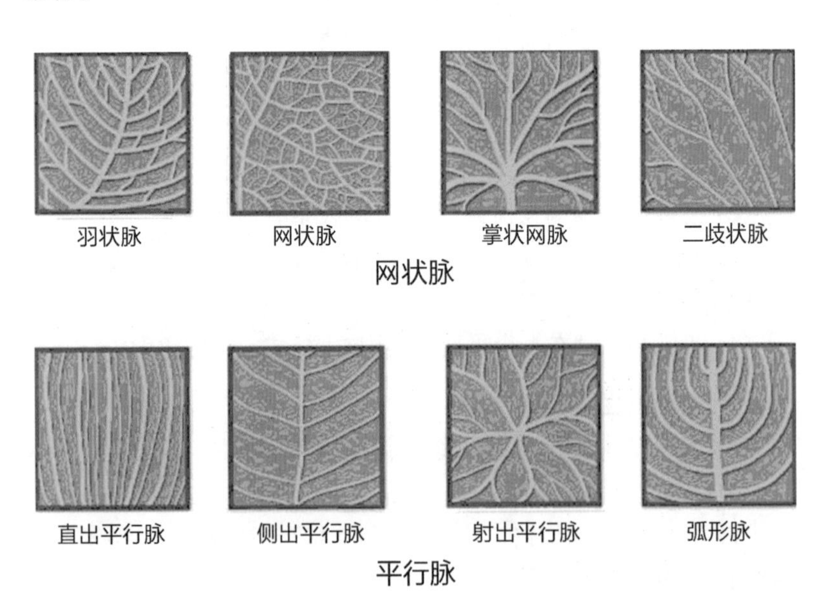

图 2－15　叶脉的类型

七、叶片的质地

(1) 透明质的叶片,薄而几乎透明。

(2) 膜质的叶片,薄而半透明。

(3) 草质的叶片,薄而柔软,绿色,如大多数温带的阔叶乔木、阔叶灌木和草本的叶子。

(4) 纸质的叶片,如厚纸。

(5) 革质的叶片,如皮革。

(6) 软骨质的叶片,硬而韧。

(7) 干膜质的叶片,薄、干而呈膜质,脆,非绿色。

(8) 木栓质的叶片,如木栓状。

(9) 海绵质的叶片,如海绵状。

(10) 角质的叶片,如牛角质。

(11) 肉质的叶片,肥厚而多汁。

(12) 骨质。

(13) 蜡质。

(14) 纤维质。

(15) 粉质。

八、叶表面附属物(毛被)的形态

毛被是指一切由表皮细胞形成的毛茸。植物表面毛被有如下主要的术语。

(1) 无毛:表面没有任何毛。

(2) 变无毛:初有毛,后来变无毛或几乎无毛。

(3) 几乎无毛:基本上无毛,但用放大镜看,仍有极稀疏、极细小的毛。

(4) 有毛:仅指有一般的毛,是"无毛"的反语。

(5) 有腺毛:具有腺质的毛,或毛与毛状腺体混生。

(6) 有短柔毛:具有极微细的柔毛,肉眼不易看出。

(7) 有茸毛:具有直立的密毛,成丝绒状。

(8) 有毡毛:具有羊毛状卷曲或多或少交织而贴伏成毡状的毛。

(9) 有丛卷毛：具有成丛散布的长而柔软的毛，毛呈羊毛状，如某些秋海棠属种类。

(10) 有蛛丝状毛：具错综结合、如蜘蛛丝的毛被。

(11) 有绵毛：具有长而柔软、密而卷曲缠结、但不贴伏的毛。

(12) 有曲柔毛：具有较密的长而柔软、卷曲、但又是直立的毛。

(13) 有疏柔毛：具有柔软的长而稍直、直立而不密的毛。

(14) 有绢状毛：具有长而直、柔软贴伏、有丝绸光亮的毛。

(15) 有刚伏毛：具有直立、硬的、短而贴伏或稍稍翘起的毛，触之感觉较粗。

(16) 有硬毛：具有短的、直立而硬的毛，但触之没有粗糙感觉，无色，不易断。

(17) 有短硬毛：较上项的毛要细小。

(18) 有刚毛：有密而直立、直或者多少有些弯、触之糙硬、有色、易断的毛。

(19) 有刺刚毛：与"有刚毛"相似，但较稀疏。

(20) 有睫毛：边缘有列毛。

(21) 有短睫毛：较上项的毛短。

(22) 有羽状毛：具有有羽状分枝的复毛。

(23) 有星状毛：毛的两分枝向四方辐射如星芒。

(24) 有丁字状毛：毛的两分枝成一直线，恰似一根毛，而其着生点不在基端而在中央，成丁字状。

(25) 有钩状毛：毛的顶端弯曲呈钩状。

(26) 有锚状刺毛：毛的顶端或侧面生有若干倒向的刺，如紫草科某些种类的小坚果。

(27) 有棍棒状毛：毛的顶端膨大。

(28) 有串珠状毛：许多的细胞毛，一列细胞之间变细狭，因而毛恰如一串珠子。

(29) 有盾状鳞片：有圆形的、盾状着生的鳞片状毛。

§2.4 种子植物繁殖器官的常用形态术语

2.4.1 花和花序

一、花

（一）花的组成（图 2－16）

一朵完整的花由花柄、花托、花被、雄蕊群和雌蕊群 5 部分组成（图 2－16）。缺少其中一部分的花叫**不完全花**。雄蕊和雌蕊都充分发育的叫**两性花**，缺少一种或者其一种虽有但不完备的花叫**单性花**。雌蕊和雄蕊都不完备或缺少的叫**中性花**。单性花和两性花同生于一株的叫**杂性花**。不结种子的叫**不孕花**。

（二）整齐花与不整齐花

通过花的中心具有两个以上对称面的花，称为**整齐花**或**辐射对称花**，否则为**不整齐花**或**两侧对称花**。

（三）花柄和花托

花柄（花梗）是着生花的小枝，是花朵与茎相连的短柄。不同植物花柄的长度变异很大，也有的植物不具花柄。**花托**是花各部在花柄顶端的着生处，不同植物花托的形态各异。有时花托在雌蕊基部形成膨大的盘状，称为**花盘**。

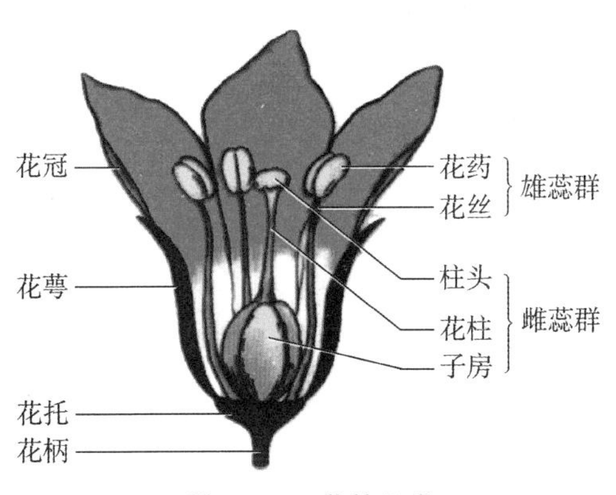

图 2－16 花的组成

（四）花被

花被是花萼与花冠的总称，外方为花萼，内方为花冠，内部为雄蕊群和雌蕊群。花萼与花冠分化清楚，且二者均有的叫**两被花**，如油菜、番茄。花被虽有两轮，但内外被片在色泽等方面无区别，称为**同被花**，如百合。仅有一轮花被的花称为**单被花**，如大麻。花萼与花冠都缺少的花，称为**无被花**，如杨、柳等。

1. 花萼

花萼通常为绿色，有些植物花萼大而颜色类似花瓣，称为**瓣状萼**。构成花萼的部分称为**萼片**。萼片彼此完全分离的，称为**离生萼**；萼片多少连合的，称为**合生萼**。在花萼的下面，有的植物还有一轮花萼，称为**副萼**，如木芙蓉。花萼不脱落，与果实一起发育的，称为**宿萼**，如番茄。有些植物萼片（或花冠）基部延伸而成管状或囊状部分，称为**距**，如凤仙花、旱金莲等。

2. 花冠

花冠由若干花瓣组成，排成一轮或多轮，呈各种颜色，但通常不呈绿色。

（1）离瓣花与合瓣花：花瓣完全分离的花，称为**离瓣花**；花瓣多少合生的花，称为**合瓣花**。冠中连合部分称为**花冠筒**，分离部分称为**花冠裂片**。

（2）花冠形状（图 2－17）花冠的形状多样，一般有如下 9 种。

① 高脚蝶状花冠：下部是狭圆筒状，上部突然呈水平状扩大，如水仙花。

② 轮形花冠：下部合生成一短角，裂片由基部向四周扩展，状如车轮，如茄、番茄等。

③ 漏斗状花冠：下部筒状，由此向上渐渐扩大成漏斗状，如牵牛花、雍菜花。

④ 钟状花冠：筒宽而稍短，上部扩大成一钟形，如桔梗科植物。

⑤ 坛状花冠：筒膨大成卵形或球形，上部收缩成一短颈，然后略扩张成一狭口，如石楠类植物。

⑥ 唇形花冠：稍呈二唇形，上面（后面）两裂片多合生为**上唇**，下

面(前面)三裂片为**下唇**,如唇形科植物。

⑦ 蝶形花冠:其上最大的一片花瓣叫**旗瓣**,侧面两片通常较旗瓣为小,且不同形,叫**翼瓣**,最下两片其下缘稍合生,状如龙骨,叫**龙骨瓣**,如蝶形花科植物。

⑧ 舌状花冠:基部成一短筒,上面向一边张开而成扁平舌状,如菊科植物头状花序的缘花。

⑨ 十字花冠:花冠4片成十字型排列,如白菜、萝卜等。

⑩ 筒状花冠:大部分成管状或圆筒状,如大多数菊科植物头状花序中的盘花。

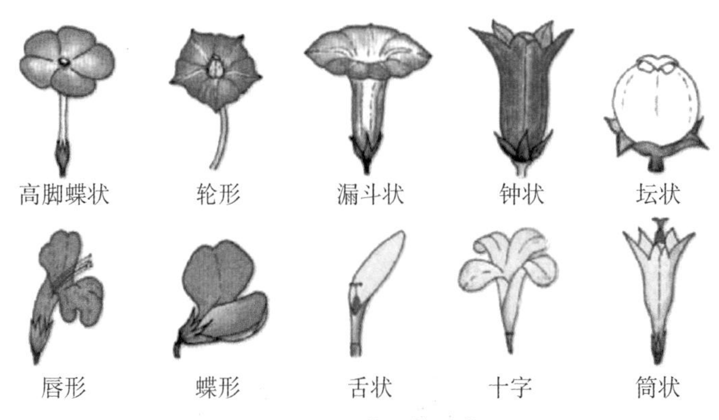

图2-17　花冠的形状

3. 花被卷叠式(图2-18)

花被在花芽内的排列方式,称为**花被卷叠式**。

(1) 镊合状:花被片边缘彼此相接而不彼此覆盖,如葡萄。

(2) 旋转状:一片的一边覆盖相邻一片的一边而成螺旋状,如圆叶牵牛。

(3) 覆瓦状:与旋转状相似,但有一片完全在外,一片在内,称为**覆瓦状**。

(4) 重覆瓦状:在覆瓦状排列的花被中,两片全在内,两片全在外。

镊合状　旋转状　覆瓦状　重覆瓦状

图 2-18　花被卷迭式

（五）雄蕊群

雄蕊群是一朵花中雄蕊的总称。雄蕊包括花药与花丝两部分。原始类群的花中雄蕊数目多而不固定，在进化的类群中雄蕊数目通常趋向少而固定。

1. 雄蕊的类型（图 2-19）

根据雄蕊的连合程度，可分为离生雄蕊和合生雄蕊两种。

（1）离生雄蕊：花中各雄蕊彼此分离，如桃。此外，如一朵花中雄蕊的长短不等，则有四强雄蕊和二强雄蕊两种。

① 二强雄蕊：雄蕊 4 枚，其中两长两短，如唇形科。

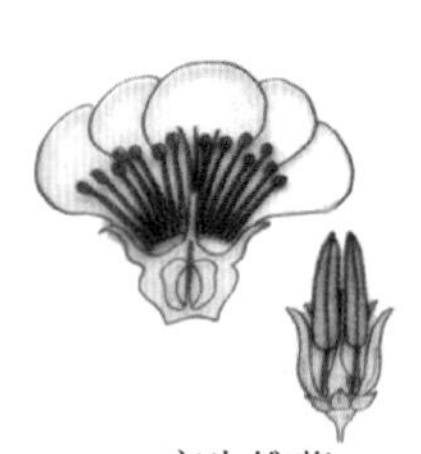

离生雄蕊

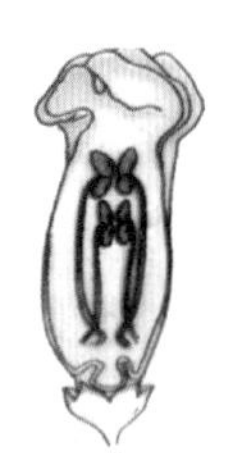

二强雄蕊

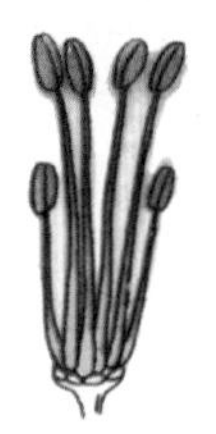

四强雄蕊

聚药雄蕊

单体雄蕊

二体雄蕊

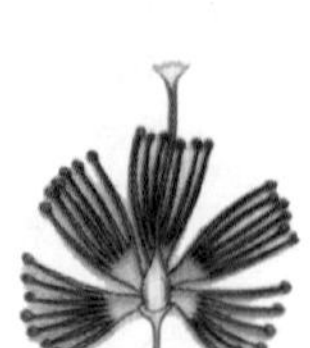

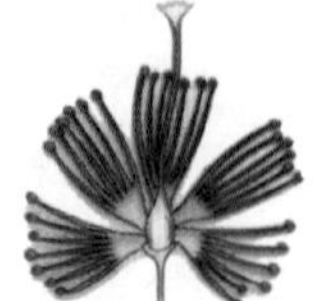

多体雄蕊

图 2-19　雄蕊的类型

② 四强雄蕊：雄蕊 6 枚，其中 4 枚花丝较长、2 枚较短，如十字花科。

（2）合生雄蕊。

① 单体雄蕊：花药完全分离而花丝联合成一束的，称为**单体雄蕊**，如棉花。

② 二体雄蕊：花丝结合成两束的，称为**二体雄蕊**，如刺槐。

③ 多体雄蕊：各雄蕊的花丝结合成 3 束以上，称为**多体雄蕊**，如金丝桃。

④ 聚药雄蕊：各雄蕊的花丝分离，而花药互相联合，称为**聚药雄蕊**，如向日葵。

2. 花药的着生方式（图 2－20）

（1）全着药：花药顶端全部附着在花丝上。

（2）基着药：花丝顶端直接与花药基部相连。

（3）丁字着药：花丝顶端与花药背面一点相连。

（4）内向药：花药内生。

（5）外向药：花药外生。

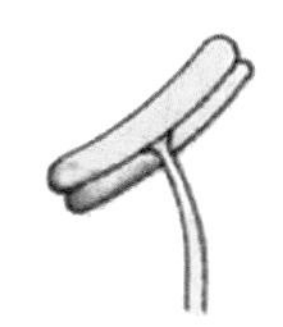

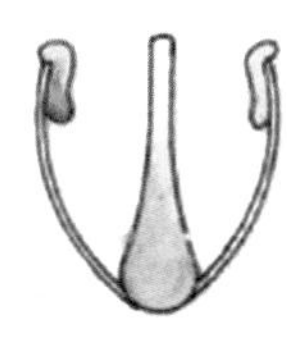

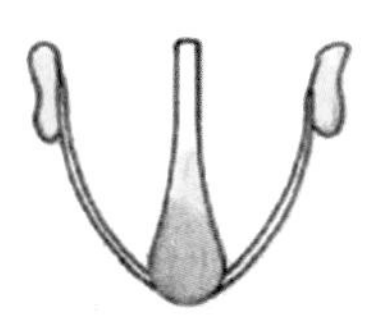

图 2－20　花药的着生方式

3. 花药成熟时的开裂方式

（1）纵裂花药：成熟时沿药室纵向裂开，如百合、油菜。

（2）横裂花药：成熟时沿花药中部成横向裂开，如蜀葵。

（3）孔裂花药：成熟时在药室顶端开一小孔、散出花粉，如茄。

（4）瓣裂花药：成熟时在花药的侧壁裂成几个小瓣、放出花粉，如樟树。

（六）雌蕊群

雌蕊群是一朵花中雌蕊的总称。每个完整的雌蕊由子房、花柱和柱头3部分组成。构成雌蕊的单位称为**心皮**。构成子房的每个心皮背面都有一条中脉，称为**背缝线**，心皮边缘相连接处，称为**腹缝线**。子房的中空部分称为**室**。

1. 雌蕊类型

（1）单雌蕊：一朵花中的雌蕊仅由单一心皮所构成，如蚕豆。

（2）离生雌蕊：一朵花内的雌蕊有几个心皮，且各心皮彼此分离，如玉兰、毛茛。

（3）合生雌蕊：一朵花内的雌蕊有几个心皮，且各心皮互相联合，如番茄。如果子房内心皮形成的隔膜（侧壁）存在，则子房室数与心皮数相同，称为**多室复子房**；如果隔膜消失，就形成**一室复子房**。

2. 胎座（图2-21）

胚珠在子房内着生的部位，称为**胎座**。由于心皮数目以及心皮连接情况不同，形成不同的胎座类型。

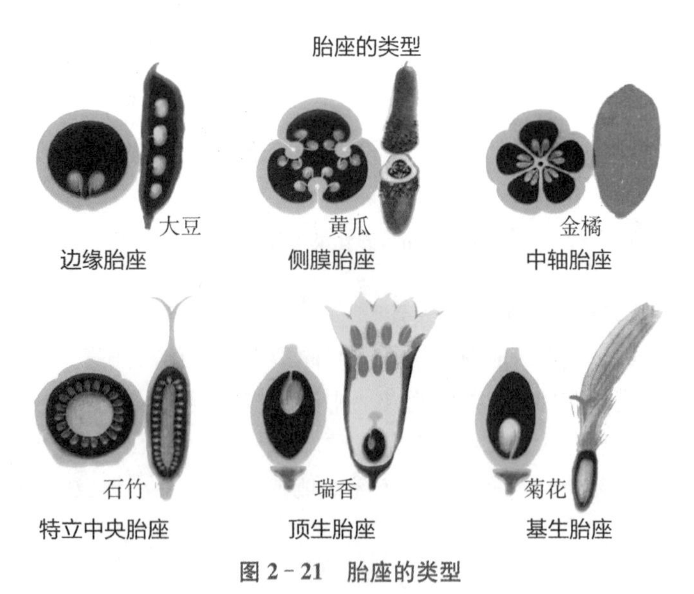

图2-21　胎座的类型

(1) 边缘胎座：一室的单子房，胚珠着生于心皮的腹缝线上，如大豆。

(2) 侧膜胎座：一室的复子房，胚珠沿着相邻两心皮的腹缝线排列，如黄瓜。

(3) 中轴胎座：多室的复子房，其内部边缘连接成中轴，胚珠着生在每室的中轴，即每一心皮的内隅，如柑橘、棉。

(4) 特立中央胎座：多室的复子房隔膜消失后，胚珠着生于残留的中轴上，称为**特立中央胎座**，如石竹科。

(5) 顶生胎座：胚珠着生在单一子房室内的顶部，如瑞香科。

(6) 基生胎座：胚珠着生在单一子房室内的基部，如菊科。

3. 子房位置(图 2－22)

子房着生在花托上，其位置有以下 3 种类型。

(1) 上位子房：花托多少凸起，子房只在基底与花托中央最高处相接，或花托多少凹陷，与在它中部着生的子房不相愈合。前者由于其他花部位于子房下侧，称为**下位花**。后者由于其他花部着生在花托上端边缘，围绕子房，故称**周位花**。

(2) 半下位子房：花托或萼片一部分与子房下部愈合，其他花部着生在花托上端内侧边缘，与子房分离。这种花也称**周位花**。

(3) 下位子房：位于凹陷的花托之中，与花托全部愈合，或者与外围花部的下部也愈合，其他花部位于子房之上。这种花则为**上位花**。

下位花
(子房上位)

周位花
(子房上位)

周位花
(子房半下位)

上位花
(子房下位)

图 2－22　子房在花托上着生的位置

二、花序

花在总花柄上的排列方式，称为**花序**。花序的总花柄或主轴称为**花序轴**。最简单的花序只在花轴顶端着生一花，称为**单顶花序**（或**花单生**），当它自土中发出时特称为**花亭**。

（一）花序着生的位置

（1）顶生花序：生于枝的顶端。

（2）腋生花序：生于叶腋内。

（3）腋外生花序：生于叶腋和节之间的节间。

（4）根生花序：由地下茎生出。

（二）花序的类型（图2-23）

花序的形式复杂多样，表现为主轴的长短、分枝与否、花柄有无以及各花开放顺序等的差异。根据各花的开放顺序，可分为无限花序和有限花序两大类。

1. 无限花序

无限花序是指花序的主轴在开花时可以继续生长，不断产生花芽，各花的开放顺序是由花序轴的基部向顶部依次开放、或由花序周边向中央依次开放。它又可分为简单花序和复合花序两种常见的类型。

（1）简单花序：花序轴不分枝的花序为**简单花序**，可分为下列8种。

① 总状花序：花轴单一，较长，上面着生花柄长短近于相等的花，开花顺序自下而上，如油菜等。

② 穗状花序：花轴直立，较长，上面着生许多无柄的两性花，如车前等。

③ 伞房花序：同总状花序，但上面着生花柄长短不等的花，越下方的花，其花梗越长，使花几乎排列于一个平面上，如苹果等。

④ 伞形花序：花轴短缩，大多数花自花轴顶端生出，各花的花柄近于等长，如葱、人参等。

⑤ 葇荑花序：花轴上着生许多无柄或短柄的单性花，常下垂，一

般整个花序一起脱落，如杨、柳等。

⑥ 肉穗花序：同穗状花序，但花轴肥厚肉质，如玉米。当肉穗花序外面有一大型苞片包被时，又称**佛焰花序**，其苞片称为**佛焰苞**，如半夏等。

⑦ 头状花序：花轴短缩而膨大，花无梗，各花密集于花轴膨大的顶端，呈头状或扁平状，如菊科等。

⑧ 隐头花序：花轴特别膨大，中央部分向下凹陷，其内着生许多无柄的花，如无花果等。

(2) 复合花序：**复合花序**是指花序轴具分枝，每一分枝上又为上述花序。常见的有下列 5 种。

① 圆锥花序(即复总状花序)：在长花轴上有许多小枝，每一小枝又自成一总状花序，如紫丁香、水稻等。

② 复伞房花序：花轴上的分枝成伞房状排列，每一分枝又自成一伞房花序，如花楸属。

③ 复伞形花序：花轴顶端丛生若干长短相等的分枝，每分枝各自成一伞形花序，如伞形科植物。

④ 复穗状花序：花轴分枝 1 次或 2 次，每小枝自成一个穗状花序(也称**小穗**)，如小麦、大麦、马唐等。

⑤ 复头状花序：头状花序轴具分枝，每分枝各自成一个头状花序，如合头菊等。

2. 有限花序

有限花序也称**聚伞类花序**，开花顺序为花序轴顶部花先开放，再向下或向外侧依次开花，可分为以下 4 种常见类型(图 2-23)。

(1) 单歧聚伞花序：花序轴顶端先生一花，其下生出一个侧枝，然后在侧枝顶端又生一花，如此反复，整个花序为一个合轴分枝。单歧聚伞花序有螺状和蝎尾状两种类型。

① 螺状聚伞花序：如果各分枝从同一侧生出侧枝，称为**螺状聚伞花序**，如勿忘草等。

② 蝎尾状聚伞花序：如两侧交互出现侧枝，称为**蝎尾状聚伞花序**，如唐菖蒲等。

(2) 二歧聚伞花序：在花序轴顶端形成一花后，其下两侧分出两个侧枝，每个侧枝顶端形成一花，如此反复，如繁缕等。

(3) 多歧聚伞花序：与二歧聚伞花序相似，但花序轴顶花下分出3个以上侧枝，如此反复，如泽漆。

(4) 轮伞花序：由许多无柄的花聚伞状排列在茎节的叶腋内，外形呈轮状排列，如益母草等。

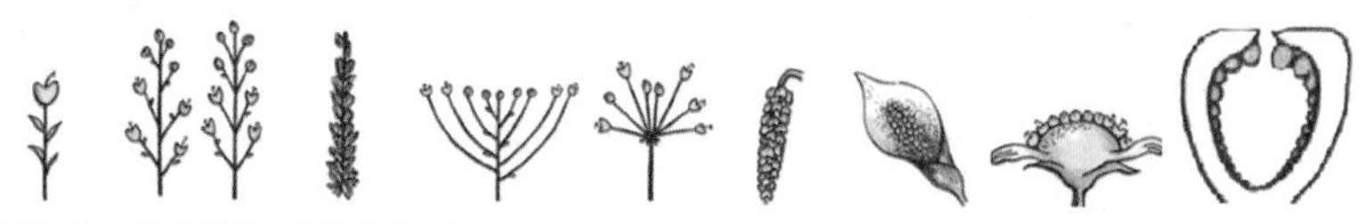

图 2-23　花序的类型

2.4.2　果实

一、果实的构成

果实由果皮和种子组成。**果皮**可分为外果皮、中果皮和内果皮3层，但有些植物果皮分层不明显。真正的果实由受精后的子房发育而成。有些植物中除子房外，花的其他部分(如花托、花萼、花序轴等)也参与果实的形成。

二、果实的类型(图 2-24)

(一) 真果与假果

(1) **真果**是指仅由子房发育形成的果实。

(2) **假果**是指除子房外，还有花的其他部分也参与形成的果实。

(二) 单果、聚合果与聚花果

(1) 单果：一朵花中只有一枚雌蕊，以后形成一个果实的，称为**单果**。

(2) 聚合果：一朵花中生有多数离生雌蕊，各自形成果实聚集在花托上，称为**聚合果**，其中小果可能是瘦果、蓇葖果或浆果等，如草莓、八角、牡丹、悬钩子等。

(3) 聚花果：由整个花序一同发育形成的果实，称为**聚花果**，也

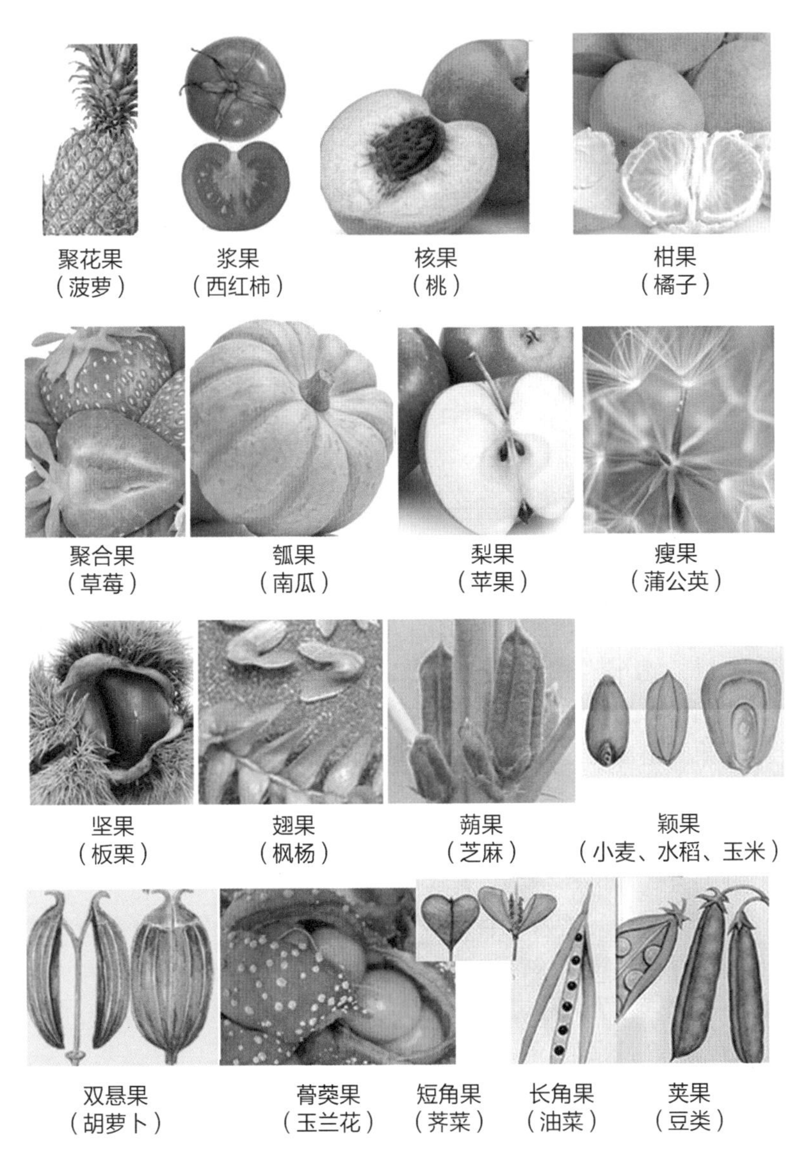
聚花果
（菠萝）
浆果
（西红柿）
核果
（桃）
柑果
（橘子）
聚合果
（草莓）
瓠果
（南瓜）
梨果
（苹果）
瘦果
（蒲公英）
坚果
（板栗）
翅果
（枫杨）
蒴果
（芝麻）
颖果
（小麦、水稻、玉米）
双悬果
（胡萝卜）
蓇葖果
（玉兰花）
短角果
（荠菜）
长角果
（油菜）
荚果
（豆类）

图 2－24　果实的类型

称**复果**如桑葚、无花果等。

（三）肉果与干果

1. 肉果

成熟时果皮肉质，常肥厚多汁的果实，称为**肉果**。按果皮来源和性质不同，肉果又可分为浆果、核果和梨果3种类型。

（1）**浆果**通常由合生心皮的子房形成，果皮除最外层外都肉质化、多浆、具数粒种子，如葡萄、番茄。

此外，柑橘类的浆果其外果皮为厚革质，多含油细胞，中果皮疏松髓质，内果皮膜质，分为数室，室内充满多汁的长形丝状细胞，这种果实特称为**柑果或橙果**。另外，葫芦科植物的果实是由合生心皮下位子房发育而成的一种浆果，特称为**瓠果**，其肉质部分是由子房和花托共同发育而成的，属于假果。

（2）**核果**通常是由单心皮的雌蕊发育形成，内有一枚种子。果皮分为3层：外果皮薄、膜质，中果皮肉质，内果皮木质化、坚硬，如桃、杏等。

（3）**梨果**由下位子房及花托共同形成，果实的肉质部分由花托发育而成，属于假果，内果皮木质化，如梨、苹果等。

2. 干果

干果是指成熟时果皮干燥的果实。根据成熟时果皮是否开裂，可分为裂果和闭果两类。

（1）裂果：**裂果**是指果实成熟后果皮裂开的干果。根据心皮结构和开裂方式，可分为荚果、蓇葖果、蒴果和角果组成。

① 荚果：由单心皮发育形成，成熟后果皮一般沿背缝和腹缝两面开裂。豆科植物是这种类型。

② 蓇葖果：由单心皮或离生心皮发育形成，成熟时只在一侧开裂，如八角、牡丹、玉兰等。

③ 蒴果：由合生心皮的复雌蕊发育形成，子房一室或数室。成熟时果皮有多种开裂方式：沿心皮背缝纵向开裂的为**室背开裂**，如紫花地丁；沿心皮腹缝开裂的为**室间开裂**，如马兜铃；果实成熟时子房各室上方裂成小孔的为**孔裂**，如罂粟；果实成熟时沿心皮周围裂开

时则称为**周裂**,如车前。

④ 角果:由两个心皮的雌蕊发育形成,子房一室,后来由心皮边缘合生处生出假隔膜,将子房分为二室。成熟时沿两条腹缝线开裂,如十字花科。其中,果实长度超过宽度一倍以上的叫**长角果**,长与宽相近的叫**短角果**。

(2) 闭果:**闭果**是指果实成熟后果皮不裂开的干果。它有瘦果、颖果、翅果、坚果、双悬果 5 种类型。

① 瘦果:由一个或几个心皮形成的小型闭果,含一枚种子,果皮坚硬,与种皮易于分离,如向日葵、毛茛等。

② 颖果:仅具一粒种子,果皮与种皮愈合,不易分离,如水稻、小麦等。

③ 翅果:果皮延展成翅状的瘦果,如榆树、槭树等。

④ 坚果:外果皮木质坚硬,含一粒种子,如枥、栗等。坚果外面附有的总苞,称为**壳斗**。

⑤ 双悬果:由二心皮的子房发育形成,成熟时心皮分离成两小瓣,并列悬挂于中央果柄的上端,如伞形科。

第三章

国际植物命名法简介

§3.1 植物命名法

3.1.1 植物学拉丁语命名

每种植物都有自己的名称，现行用拉丁语为生物命名的体系是由瑞典植物分类大师林奈（Carolus Linnaeus，1707～1778）创立的。他的巨著《植物种志》（*Species Plantarum*）于1753年出版。林奈双名命名体系（Linnaean binomial system of nomenclature）用拉丁语给生物的种起名字，每一种生物的名字都是由两个拉丁词或拉丁化形式的字构成，即用拉丁双名来命名。第一个名代表“属”（genus）名，属名的第一个字母必须大写，相当于“姓”，为斜体；第二个名代表“种加”（specific epithet）词，相于“名”，为斜体。一个完整的学名还需要加上最早给这个物种命名的作者名，这就是第三个词（命名人的缩写形式），也可省去。因此，“属名＋种加词＋命名人名”是一个完整的学名写法。例如，银杏的种名为“*Ginkgo biloba* L.”。

采用拉丁化名字和拼写的习惯，一是源于中世纪的学者，二是因为直到19世纪中叶多数植物学出版物仍然使用拉丁语。“种”以上的分类单位是“属”，再往上是“科”，依次各个分类阶元构成植物分类的阶层系统。植物分类的阶层系统由高到低表示如表3-1。

表 3-1

	拉丁名	英文名
植物界	Regnum vegetable	Vegetable Kingdom
门	Divisio	Division
纲	Classis	Class
目	Ordo	Order
科	Fmilia	Family
属	Genus	Genus
种	Species	Species

其中还可以插入亚门、亚纲、亚目、族(Tribus, Tribe)、亚族、亚属、组(Sectio, Section)、亚组、系(Series, Series)、亚种、变种(Varietas, Variety)、变型(Forma, Form)等更细的分类阶元。“亚”字一般由“sub-”表示,如亚种(Subspecies)、亚纲(Subclassis)等。

在《植物学拉丁语》(*Botanical Latin*)一书中,威廉·史丹恩(William Stearn)指出:“植物学拉丁语本质上是一种书面语言,但植物的学名经常出现在说话中。如果它们听起来不难听,所有关心它们的人都能够听懂,那么它们如何发音其实并不太重要。通常可按照古典拉丁语的发音规则,获得它们的发音方法。不过,发音有很多体系,因为人们通常把拉丁词与自己语言中的词语类比进行发音。”关于发音的更多信息,可参阅相关的书籍。

3.1.2　植物命名的一些术语

(1) 属(Genus):可以定义为由一个或者多个物种构成的、多少有些密切联系并且可确定的生物(植物)群体。

(2) 在同一“科”(Family)中,一些物种之间可能要比其他属中的物种之间有更多共同的特征。花和果的相似性是用得最多的用来进行比较的特征。一个属可以只包含一个物种,如 *Ginkgo*(银杏属),一个属也可以包含上百个物种,如 *Rosa*(蔷薇属)。

(3) 种(Species):物种很难定义,它是比一个绝对的实体要广的概念。有时种可以定义为基本相似的单个生物体(植物)的群体。

理论上,一个物种应当与其他相近的物种在形态上有明显的差别。这对于他人可以用来实际分类非常必要。在一个给定的物种中,所有个体并非完全相同。设想在一个种群中,任何特征在每一个个体身上都可能以不同的程度表现出来,以钟形曲线分布。人类(*Homo sapiens*)被视为一个单一的物种,但我们确实知道人类在形态上并非完全相同。

种的缩写为"sp."(单数)或者"spp."(复数)。

(4) 变种(Variety,拉丁词为"varietas",缩写为"var."):在植物学意义上,变种是一个物种植物的一个种群,可以展示明显的特征上的差别,并且这些差别可以通过种子传播,即可遗传。

变种是物种之下的分类单位。变种的名字用小写的斜体(或下划线)的方式书写,并且前面要加上缩写"var."。例如,通常的野生皂荚(honey locust)有刺,但是也发现了无刺的皂荚。这种皂荚是*Gleditsia triacanthos*(三刺皂荚,或者叫美国皂荚),而那种无刺的皂荚叫 *Gleditsia triacanthos* var. *inermis*(无刺的美国皂荚)。"triacanthos=三刺","inermis=未装甲(即没有刺)"。有时亚种(Subspecies)与变种混用。它们的使用取决于作者所属的不同分类"学派"。

(5) 变型(Form, 拉丁词为"forma", 缩写为"f."):用于识别和描述偶发的变异,如在通常紫花的植物物种中,偶尔会出现白化的花。例如,梾木(dogwood, *Cornus florida*,多花梾木)本性上通常是白花,但也会出现桃红色花,它们可以写作"*Cornus florida* f. *rubra*"(玫瑰梾木)。不过,有人可能把它当作一种变种特征,于是有如下表示:"*Cornus florida* var. *rubra*"(玫瑰梾木)。

当前的植物分类学家很少使用变型这一术语,不过在园艺文献中还会用到这个词。

(6) 栽培变种(Cultivar,中文也称"品种"):它是由贝利(L. H. Bailey)给出的一个相对较现代的术语,源于术语"Cultivated Variety"(栽培导致的变种)。栽培变种定义为可由一个或者多个特征明显地加以区分栽培植物的一种集合，它们在繁殖（有性或者无性繁殖）中能够保持自己独特的特征。

例如，挪威枫（Norway Maple，*Acer platanoides*）被称作紫叶“深红王”，这种植物的名字写作“*Acer platanoides* ‘Crimson King’”。注意栽培变种名两边要有单引号。“栽培变种”的缩写为“cv.”，故挪威枫也可以命名为“*Acer platanoides* cv. Crimson King”（单引号去掉）。

《国际植物命名法规》（*International Code of Botanical Nomenclature*）是在1867年8月于法国巴黎举行的第一次国际植物学会议中，德堪多的儿子（Alphonso de Candolle）受会议委托，负责起草植物命名法规（Lois de la Nomenclature Botanique）。经参酌英国和美国学者的意见后，会议决议出版上述法规，这就是巴黎法规或巴黎规则。该法规共分7节68条，这是最早的植物命名法规。1910年在比利时的布鲁塞尔召开第三次国际植物学会议，奠定了现行通用的国际植物命名法规的基础。以后在每5年召开的各届国际植物学大会上，都要对植物命名法规进行修订和补充。1999年，第十六届美国圣路易斯国际植物学大会也召开了命名会议。我国正式出版的有《蒙特利尔法规》（匡可任译）和《列宁格勒法规》（赵士洞译），这是目前我国植物命名的主要参考文献。

§3.2　植物命名法的模式法和模式标本

《国际植物命名法规》是各国植物分类学者对植物命名所必须遵循的规章。现将其要点简述如下。

一、植物命名的模式法和模式标本

科或科级以下分类群的名称，都是由命名模式来决定的。但更高等级（科级以上）分类群的名称，只有当其名称是基于属名的，也由命名模式来决定。种或种及以下分类群的命名必须有模式标本作为根据。模式标本必须永久保存，所以不能是活植物。模式标本有下列7种：

（1）主模式标本（holotype，全模式标本，正模式标本）是由命名人指定的模式标本，即著者发表新分类群时据以命名、描述和绘图的那份标本。

（2）等模式标本（isotype，同号模式标本，复模式标本）系与主模式标本为同一采集者在同一地点与时间所采集的同号复份标本。

（3）合模式标本（syntype，等值模式标本）是著者在发表一分类群时未曾指定主模式而引证了两个以上标本或被著者指定为主模式的标本，其数目在两个以上时，此等标本中的任何一份均可称为合模式标本。

（4）后选模式标本（lectotype，选定模式标本）是当发表新分类群时，著作未曾指定主模式标本或主模式已遗失或损坏，后来的作者根据原始资料，在等模式或依次从合模式、副模式、新模式和原产地模式标本中，选定一份作为命名模式的标本，即为后选模式标本。

（5）副模式标本（paratype，同举模式标本）是对于某一分类群，著者在原描述中除主模式、等模式或合模式标本以外同时引证的标本，称为副模式标本。

（6）新模式标本（neotype）是当主模式、等模式、合模式、副模式标本均有错误、损坏或遗失时，根据原始资料从其他标本中重新选定出来充当命名模式的标本。

（7）原产地模式标本（topotype）是当不能获得某种植物的模式标本时，便从该植物的模式标本产地采到同种植物的标本，与原始资料核对，完全符合者用以代替模式标本，称为原产地模式标本。

二、植物的学名

（1）每一种植物只有一个合法的正确学名，其他名称均作为异名或废弃。例如，土茯苓（*Smilax glabra*）是乌柏（Roxb）在1832年发表的，但后来的学者对该物种又发表了几个学名，如1850年的“*S. hookeri* Kunth”和1900年的“*S. trigona* Warb”。按《国际植物命名法规》规定，乌柏发表的种名是土茯苓的正确学名，其余的均作为异名(Synonym)处理。

(2) 学名包括属名和种加词,最后附加命名人之名。

(3) 学名分为有效发表和合格发表。根据《国际植物命名法规》,植物学名有效发表的条件是发表品一定为印刷品,并可以通过出售、交换或赠送,到达公共图书馆或者至少一般植物学家能去的研究机构的图书馆。如果仅在公共集会、手稿或标本上以及仅在商业目录中或非科学性的新闻报刊上宣布新名称,即使有拉丁语特征集要,也均属无效。自 1935 年 1 月 1 日起,除藻类(现代藻类自 1958 年 1 月 1 日起)和化石植物外,一个新分类群名称的发表必须伴随有拉丁语描述或特征集要,否则不作为合格发表。自 1958 年 1 月 1 日以后,科或科级以下新分类群的发表,必须指明其命名模式,才算合格发表。例如,新科应指明模式属,新属应指明模式种,新种应指明模式标本。

三、优先律原则

植物名称有其发表的优先律(priority)。凡符合《国际植物命名法规》最早发表的名称,为唯一的正确名称。种子植物的种加词(种名)优先律的起点为 1753 年 5 月 1 日,即以林奈 1753 年出版的《植物种志》为起点;属名的起点从 1754 年和 1764 年林奈所著的《植物属志》(*Genera plantarum*)的第 5 版与第 6 版开始。因此,一种植物如已有两个或两个以上的学名,应以最早发表的名称为合用名称。例如,银线草有 3 个学名,先后分别被发表过 3 次:

Chloranthus japonicus Sieb., *Nov. Act. Nat. Cur.* 1829, **14** (2): 681;

Chloranthus mandshuricus, *Rupr. Dec. Pl. Amur. t.* 1859, **2**;

Tricercandra japonica (Sieb.) Nakai, *Fl. Sylv. Koreana*, 1930, **18**: 14.

按照命名法规优先律原则,"*Chloranthus japonicus* Sieb."的发表年份最早,应作合法有效的学名,后两个名称均为它的异名。

四、学名的改变

经过专门的研究,认为一个属中的某一种应转移到另一属中时,假如等级不变，可将它原来的种加词移动到另一属中留用，这样组成的新名称叫**新组合**（combination nova），原来的名称叫**基原异名**（bisionym）。原命名人用括号括起一并移去，转移的作者则写在小括号之外。例如，杉木最初是 1803 年由朗佰（Lambert）定名为"*Pinus lanceolata* Lamb."。1826 年，罗伯特·布朗（Robert Brown）又将其定名为"*Cunninghamia sinensis* R. Br. ex Rich."。1827 年，胡克（Hooker）在研究该种的原始文献后，认为它应属于 *Cunninghamia* 属。但"*Pinus lanceolata* Lamb."这一学名发表早，按命名法规定，在该学名转移到另一属时，种加词"lanceolata"应予保留，故杉木的合用学名为"*Cunninghamia lanceolata* （Lamb.）Hook"，其他两个学名成为它的异名，而"*Pinus lanceolata* Lamb."称为基原异名。

五、保留名

对于不符合《国际植物命名法规》的名称，由于历史上惯用已久，可经国际植物学会议讨论通过作为保留名（nomina conservanda）。例如，某些科名的拉丁词尾不是"- aceae"，如豆科 Leguminosae（或 Fabaceae）、十字花科 Cruciferae（Brassicaceae）、菊科 Compositae（Asteraceae）等。

六、名称的废弃

凡符合《国际植物命名法规》所发表的植物名称，不能随意废弃和变更。有下列情形之一者，不受此限制。

（1）同属于一分类群并早已有正确名称，以后所作多余的发表者，在命名上是**多余名**（superfluous name），应予以废弃。

（2）同属于一分类群并早已有正确名称，以后由另一学者发表相同的名称，此名称为**晚出同名**（later homonym），必须予以废弃。

（3）将已废弃的属名采用作种加词时，此名必须废弃。

（4）在同一属内的两个次级区分或在同一种内的两个种下分类群具有相同的名称，即使它们基于不同模式，又非同一等级，也是不合法的，要作同名处理。

（5）种加词如用简单的语言作为名称而不能表达意义、或是丝毫不差地重复属名者、或是所发表的种名不能充分显示其为双名法的上述情形，均属无效，必须废弃。

七、杂种

杂种在两个种加词之间加“X”表示，如“*Calystegia sepium* X *silvatica*”为“*C. sepium*”和“*C. silvatica*”之间的杂交种。也可另取一名，用“X”分开，如“*Calystegia* X *lucana*”。

八、栽培植物的命名

栽培植物有专门的命名法规，1969 年有新版。基本的方法是在种及以上与自然种命名法相同，种下设品种 cultivar(CV.)。

九、双名命名法

全世界现有约 50 万种植物，这些植物的名称常随不同民族、地区而不同，往往发生“同物异名”或“同名异物”的情况。例如，对于马铃薯这种植物，英、美俗称“Potato”，俄罗斯俗称“KePToϕeцb”，我国俗称“洋山芋”（南京）、“土豆”（山东）、“山药蛋”（内蒙古）等，因而有时会引起混乱和不便。1753 年林奈正式倡用双名命名法。一种植物的名称统一用拉丁文写出，作为国际间通用的学名，如马铃薯的学名为“*Solanum tuberosum* L.”。双名命名法得到国际植物学会议的确认，并制定了一套植物学名的命名法规。为了避免命名上的混乱，学名必须遵循《国际植物命名法规》，现摘录重要条文如下：

（1）每种植物只能有一个通用的学名。

（2）此学名必须为拉丁语写出的双名，即由一属名和一种加词组成。

（3）若一植物已有两个或更多的学名，只有最早与不违反《国际植物命名法规》者合用。

（4）一种植物的命名，其属名的第一字母必须大写，种加词第一字母不大写。

（5）一种完整的植物学名除属名、种加词外，还应在种加词后列上命名人的名字，一般用缩写。

(6) 合法学名必须附有用拉丁语正式发表的描写。

十、属、科、目、亚种、变种、变型的命名

属名是一名词，现在使用的属名中，一部分是古希腊、古罗马等欧亚国家语言的原名；一部分是后期植物学家拟定的名字。这些名字用拉丁语或拉丁化后其他国家的语言文字。

属名的形成和来源可归纳如下。

(1) 植物地方俗名，如荔枝属“*Litchi*”是谐地方音；

(2) 人名，如木兰属“*Magnolia*”是为纪念法国孟特皮列城植物园主任 Pierre Magnol；

(3) 产地名，如福建柏属“*Fokienia*”是“福建”的谐音；

(4) 用途，如山毛榉属“*Fagus*”，意为“可吃的”；

(5) 形态特征，如八角属“*Illicium*”，是有芳香气味的；

(6) 生态特性，如松属“*Pinus*”，古拉丁语意为“山”；

(7) 拉丁或希腊古老名词，如落叶松属“*Larix*”是古拉丁落叶松树名，山核桃属“*Carya*”意为希腊山核桃树名等。

种加词多为形容词，并且与属名的性、数、格均一致。其形成可归纳为：形态特征，如 alba，白色的；生态特征，如 sylvestris，森林生的；产地，如 chinensis，中国的；人名，如 davidiana，法国人 A. David；与属名同格的名词，如欧洲云杉 *Picea abies*，种加词与属名同位等。

属以上的科名、目名除特殊的外，大都在属名的词根上附加科词尾“- aceae”即为科名。例如，松属“Pinus”去掉“us”、加上“aceae”成松科“Pinaceae”，蔷薇属“Rosa”去掉“a”、加上“ales”即为蔷薇目“Rosales”。

对于亚种的命名，则在原种的完整学名之后，加上拉丁语亚种(subspecies)的缩写(sub.)，然后再写亚种名和定亚种名的人名。

对于变种的命名，则在原种的完整学名之后，加上拉丁语变种(varietas)的缩写(var.)，然后再写变种名和定变种名的人名。

对于变型的命名，则在原种的完整学名之后，加上拉丁语变型(forma)的缩写(f.)，然后再写变型名和定变型名的人名。

第四章

植物检索表的编制与使用

用什么方法能够帮助我们认识常见的植物种类呢？目前所采用的方法主要有两种：一种是核对法，即将所采标本与标本室中已经专家鉴定定名的标本进行对照核对，特征相似者可初步确定可能就是该种植物，这种方法要求核对前先要能对标本辨认到科或属，这样进入标本室后查阅核对就方便多了；另一种是检索法，即在对植物标本进行全面观察后，查阅各种工具书（如植物志、图鉴、图说、图谱手册以及各科、属、种的专著等）中的植物检索表，对其进行检索鉴定，当检索出初步结果后，再与书中对该种详尽的特征描述进行对照核对，看特征是否对应、地理分布区域是否合适，若能对应即可初步确定可能就是该种植物，若不能对应，可能在检索时出了差错，需要重新进行检索。

为了能快速、方便地鉴定植物种类，无论哪种工具书都会在书中编制植物检索表，并且在鉴定过程中首先得到应用。因此，植物检索表已成为鉴定植物、认识植物种类不可缺少的工具，也是认识植物的一把钥匙。

§4.1 植物检索表的编制

植物检索表的编制是根据法国学者拉马克（Lamarck）的二歧分类原则（即非此即彼的原则）来编制的，即把某群植物的同一关键特征、不同的相对性状（如孢子繁殖还是种子繁殖、子叶一枚还是两枚等），用对比的方法逐步排列并进行分类，相对立的两个性状被编为同样的号码，将植物分为两类（如分为双子叶植物和单子叶植物两类），再把每类植物根据相对性状又分成相对的两类（如将双子叶植物又分为离瓣花和合瓣花两类），依此分类，直到编制的目标检索表至终点。

为了便于使用，在各类分支的前边按其出现的先后顺序加上一定的顺序数字或符号，相对应的两类或两个分支前的顺序数字或符号应相同。

编制植物检索表时需要注意以下 8 个问题。

(1) 只要有两个以上需要鉴别的科、属或种，均可采用编制植物检索表的方式加以区别。

(2) 植物检索表中包含多少个被检对象，完全是人为编集在一起的，可以按某一地区、某一类群或某种用途进行编集。

(3) 在编制植物检索表之前，对其所采用的植物特征的取舍，通常采取"由一般到特殊"、"由特殊到一般"的原则，即首先必须对每种植物的特征进行认真的观察和记录，在掌握各种植物特征的基础上，根据编制目标（如分门、分纲、分目、分科、分属、分种）的不同要求，列出它们的相似特征和区别特征比较表，同时找出它们之间最突出的区别点和共同点。

(4) 在选用区别特征时，即在编制植物检索表中的成对性状时，最好选用相反的或容易区别的特征，即非此即彼的特征（如单叶和复叶、草本和木本等），千万不能采用似是而非或不确定的特征，即亦此亦彼的特征；有些特征要实测其大小值，尽量避免使用较大、较小、较长、较短等难以肯定的特征。采用的特征要明显，最好选用仅凭肉眼或手持放大镜就能观察得到的特征。

(5) 要选用常见的、不变的特征，切勿选用受季节性影响或仅能在野外观察得到的特征。

(6) 在编制过程中还应注意到，有时同一物种（或同一类植物）生长在不同的生境条件下时，会出现不同的性状（如沙棘因分布地区不同会出现乔木或灌木）。遇到这种情况时，就应在乔木和灌木的各项中都应将它们包含进去，这样就可以保证能检索到。

(7) 植物检索表的编排号码只能用两个相同的，不能用3项以上，如1，1；2，2。

(8) 为了验证所编制的植物检索表是否适用，还需要进行实际检验。若不方便使用，就要加以修订，直到能够完全正确检索为止。

§4.2 植物检索表的类型

目前广泛采用的植物检索表有两种类型，即定距检索表（又称等距检索表、不齐头检索表）与平行检索表（齐头检索表）。它们的排列方式有一定的差异，现分别介绍如下。

一、定距检索表

在定距检索表中，每一对两个相对立的特征编为相同的序号，并纵向相隔一定距离，且都书写在距书页左边有同等距离的地方；每个分支的下边，又出现两个相对应的分支，再编写相同的序号，书写在较先出现的一个分支序号向右退一个字格的地方，这样如此往复下去，直到要编制的终点为止。例如，高等植物分门检索表如下所示。

1. 植物无花，无种子，以孢子繁殖。
　2. 小形绿色植物，结构简单，仅有茎、叶之分或有时仅为扁平的叶状体，不具真正的根和束………………………… 苔藓植物门 Bryophyta
　2. 通常为中形或大形草本，很少为木本植物，分化为根、茎、叶，并有维管束 ……………………………………… 蕨类植物门 Pteridophyta
1. 植物有花，以种子繁殖。
　3. 胚珠裸露，不为心皮所被 ……………… 裸子植物 Gymnospermae
　3. 胚珠被心皮构成的子房包被 …………… 被子植物 Angiospermae

二、平行检索表

在平行检索表中，每一对两个相对立的特征编写相同的编号，平行排列在一起，在每个分支之末，再编写出名称或序号。此名称需要已查到对象的名称（中文名和学名）；序号为下一步依次查阅的序号，并重新书写在相对应的分支之前。仍以上例说明如下。

1. 植物无花，无种子，以孢子繁殖 …………………………………………… 2
1. 植物有花，以种子繁殖 …………………………………………………… 3
2. 小形绿色植物，结构简单，仅有茎、叶之分或有时仅为扁平的叶状体，不具真正的根和维管束 ………………………………………… 苔藓植物门 Bryophyta
2. 通常为中形或大形草本，很少为木本植物，分化为根、茎、叶，并有维管束 ……………………………………………………… 蕨类植物门 Pteridophyta
3. 胚珠裸露，不为心皮所包被 ………………… 裸子植物门 Gymnospermae
3. 胚珠被心皮构成的子房包被 ……………… 被子植物门 Angiospermae

从上面的例子可以看出，两种检索表所采用的特征是完全相同的，不同之处在于编排的方式。这两种检索表在应用时各有优缺点，目前采用最多的还是定距检索表。

§4.3 利用植物检索表鉴定植物的方法

鉴定植物标本是确定植物名称的一种手段，它不同于对植物的命名，实际上它就是利用现有资料（植物检索表、植物志等）核对出某一植物标本的名称。同时，运用植物检索表来鉴定植物，是我们提高识别植物科、属、种能力最有效的方法之一，因此在平时的学习和野外实习中要求每个同学都能掌握。要做好这一工作，还必须做好以下 4 个方面的工作。

一、必须对所要鉴定的植物标本有全面的了解

植物标本鉴定主要是根据植物的各部分形态特征来进行的，因而要做好鉴定工作，首先要对该种植物标本的形态特征进行全面细致的解剖观察，并按照检索要求做好记录，这是鉴定工作能否成功的关键所在。因此，在采集和观察植物标本的过程中，必须注意以下

3方面的问题。

(1) 所采集的植物标本一定要尽量完整。除营养体外,还要有花、有果。有时一份标本不能满足这种要求时,同种植物可多采几份,这样几份标本放在一起,可将各部分特征观察完整。

(2) 要用科学的形态术语对所采集到的植物标本的各部分特征进行描述,特别是对花、果实的组成特征(因为花和果实的遗传基础稳定,较少受生境条件的影响),尤其要作认真细致的解剖观察,如子房的位置、心皮和胚珠的数目等,都要搞清楚。一旦描述错误,就会错上加错,鉴定出的结果肯定也是错误的。关于如何描述植物,在实验课上已经讲过,现举例说明如下。

白菜(*Brassica pekinensis*)为两年生草本。单叶互生;基生叶的柄,具有叶片下延的翅;总状花序,花黄色;萼片;花瓣4;成十字形花冠;雄蕊6;成四强雄蕊(4长2短);雌蕊由两个合生心皮组成,子房上位;长角果具喙,成熟时裂成两瓣,中间具假隔膜,内含多数种子。

(3) 对植物的生活习性、生长环境等,也要有全面的了解。

二、选择合适的植物检索表

随着全国植物志和各省、区及地区性植物志的陆续出版,为我们在鉴别植物种类时提供了很大的方便。使用时要注意,不同的植物检索表所包括的范围各有不同,有包括全国范围的植物检索表,也有仅包括某一地区的植物检索表,或仅包括某一类植物的检索表(如观赏植物检索表、药用植物检索表或冬态植物检索表等)。在具体使用时,应根据鉴定目标和不同需要,选用合适的植物检索表,这样既能减少工作量、又能达到事倍功半的效果。例如,在鉴定木本植物时,绝不能使用草本植物检索表去查。

检索表的选用最好是根据要鉴定植物的产地来选择,即如果要鉴定的植物是从武夷山采来的,那么,利用《江西植物志》或《福建植物志》去检索,基本上就可以解决问题。

三、根据植物特征利用检索表对植物标本进行鉴定

在做好上述两方面工作的情况下,根据植物检索表的编排顺序、

逐条由上向下查找，直至检索到需要的结果为止。例如，根据上述白菜的特征描述，我们就可以利用《江西植物志》或《福建植物志》中的检索表，从头按次序逐项往下查，首先要用分科检索表鉴定出该种植物所属的科是十字花科 *Cruciferae*，然后用十字花科的分属检索表，查出它所属的属是芸薹属 *Brassica*；最后利用芸薹属的分种检索表，鉴定出该种是白菜 *Brassica pekinensis*（Lour.）Rupr.

四、用植物检索表鉴定时应注意的问题

（1）为了确保鉴定结果正确，一定要防止先入为主、主观臆测和倒查的倾向以及看图识别等情况的发生。

（2）植物检索表的结构都是以两个相对的特征编写的，而两个对应项号码是相同的，排列的位置也是相对称的。鉴定时，要根据观察到的特征，应用植物检索表从头按次序逐项往下查。因此，在鉴定的过程中，绝不允许随意跳过一项或多项而去查另一项，这样特别容易导致错误。

（3）要全面核对两项相对性状，即在看相对的两项特征时，每查一项就必须对另一项也要查看，然后再根据植物的特征确定到底哪一项符合所要鉴定的植物特征，要顺着符合的一项查下去，直到查出为止。假若只看一项就加以肯定，极易发生错误。在整个检索过程中，只要查错一项，将会导致整个鉴定工作的错误。因此，在检索过程中，一定要克服急躁情绪，按照检索步骤小心细致地进行。

（4）在核对两项性状后仍不能做出选择时，或手头上的标本缺少检索表中的要求特征时，可分别从两项对立项下面同时检索，然后从所获得的两个结果中，通过核对两个种的描述、分布或图来做出判断。

（5）为了证明根据植物检索表检索出的结果是正确的，还应与有关专著或资料中对该科、该属和该种的描述进行核对，看是否完全符合科、属、种的特征，植物标本上体现出的形态特征是否与书上的图、文、分布等一致。如果全部符合，证明鉴定的结论是正确的，否则还需进一步加以研究，直至完全正确为止。

§4.4 植物标本鉴定、检索时植物标本特征观察的方法和程序

检索之前在观察和研究每一种植物(包括腊叶标本和浸制标本等)的特征时,必须有谨慎的科学态度和方法。刚开始工作时,要求每个学生都能克服运用描述性术语的困难。植物特征的观察研究,应当按照开始于习性、根,结束于花、果、种子这样的程序来不断进行。应当先用肉眼观察,然后用手持放大镜帮助观察。花应当研究得极为细致,从花柄通过花萼、花瓣、雄蕊、雌蕊,直到柱头的顶部,一步一步完成。在花没有被解剖开以前,应当尽可能详细地记录不用放大镜就能看到的各种详细特征。进一步观察花药的开裂、卷叠和胎座等特征时,则必须借助放大镜或体视镜进行。起码应解剖开两朵花,一朵横切,另一朵纵切。前者用来观察胎座和画花图式,后者用于观察子房是上位还是下位,以及绘花的纵剖图。图中各部分都应当标以名称。

例如,如何判别组成雌蕊的心皮数目。在组成花的各部分结构中,花萼、花冠、雄蕊的结构特点通过形态观察即可基本掌握,而雌蕊的特点,特别是组成雌蕊的基本单位——心皮的数目,通过形态观察,有时并不能解决。而准确地判别出一朵花中的雌蕊由多少心皮组成,是鉴定植物和学习植物分类学必须掌握的基本技能之一。

通常判别组成雌蕊的心皮数目,要分两步进行,即首先确定雌蕊的类型,再判别组成雌蕊的心皮数目。具体步骤如下。

1. 确定雌蕊的类型

在一朵花中,依据雌蕊的数目及组成每个雌蕊心皮数目的多少,可将雌蕊分为单雌蕊、离生单雌蕊和复雌蕊 3 种类型。

(1) 在具体观察一朵花时,如花中有两个或两个以上雌蕊时,该雌蕊类型为**离生单雌蕊**;如果花中只有一个雌蕊时,则该雌蕊可能是单雌蕊,也可能是复雌蕊,需进入下面的判断。

(2) 如在一朵花中只有一个雌蕊,则首先观察花柱和柱头是否

分开、开裂或有沟槽等裂缝，如分开、开裂或有沟槽等裂缝，则该雌蕊为**复雌蕊**；如不分开、不开裂，也无裂缝，则要对该雌蕊的子房作一横切面进一步观察。

(3) 在子房的横切面中，如子房被分成几个子房室，则该雌蕊属于**复雌蕊**；如仅为一个子房室，则通过观察子房室中胎座的情况来判断。

(4) 当胎座位于子房室中央，并有许多胚珠着生其上，则该雌蕊属于复雌蕊；当胎座位于子房壁上时，如胎座数目大于等于两个，则该雌蕊属于复雌蕊；如胎座数目仅为一个，则要对子房壁中的维管束(腹束和背束)数目作进一步观察。

(5) 在子房的横切面中，如在子房壁中可观察到的维管束数目("腹束数＋背束数")大于两个，则为复雌蕊；如维管束数目("腹束数＋背束数")等于两个，则该雌蕊为单雌蕊。

2. 判别雌蕊的心皮数目

在确定雌蕊类型的基础之上，可进一步判别组成每个雌蕊的心皮数目。

(1) 当雌蕊属于单雌蕊和离生单雌蕊时，则组成每个雌蕊的心皮数目为一个。

(2) 当雌蕊属于复雌蕊时，则首先观察花柱、柱头是否分开或开裂，子房外侧是否有沟槽。如果花柱和柱头分开、开裂或子房外侧有沟槽，则花柱和柱头的分开、开裂的数目或子房外侧沟槽的数目，可能即为组成该雌蕊的心皮数目。例如，甘薯具两条花柱，故它是由两个心皮所组成的雌蕊，而圆叶牵牛具 3 条花柱，因此它的雌蕊是由 3 个心皮所组成的。如果花柱和柱头既不分开，也不开裂，则要对该雌蕊的子房作一横切面，进一步观察子房室的数目进行判断。

(3) 在子房的横切面中，如果子房被分隔成几个子房室(中轴胎座)，则子房室数目即为组成该雌蕊的心皮数目；如果子房中仅有一个子房室，则要对该雌蕊的胎座位置作进一步观察。

(4) 当胎座位于子房壁上，且胎座数目大于或等于两个时，胎座数目即为组成该雌蕊的心皮数目；当胎座位于子房室中央或在子房壁上、但只有一个胎座时，必须观察子房壁中的维管束（"腹束和背束"）数目，维管束数目除以 2，即为组成该雌蕊的心皮数目。

把上面的检查方法结合起来灵活地使用，不仅可以准确地确定这个雌蕊是单心皮组成的，还是由多个心皮合生所形成的，而且还可以准确地判别出心皮数目。此外，还能同时观察到胎座类型等多个解剖特征。这样，既可以对植物进行准确的检索鉴定，还可以为准确地书写出植物花程式和绘制花图式提供依据。

最后需要记录如下数据：花柱的数目，柱头的数目（如果柱头是一枚，就看柱头的浅裂数），以及子房内子房室的数目，组成这个雌蕊的心皮的数目。

对植物的生长期、花期、果期、经济用途和地方名、俗名等，可通过走访调查和长期定点观察得知。

§4.5　种子植物分类检索表

中国被子植物分科检索表（恩格勒系统）

1. 子叶 2 个，极稀可为 1 个或较多；茎具中央髓部；多年生的木本植物且有年轮；叶片常具网状脉；花常为 5 出或 4 出数 …… 双子叶植物纲 Dicotyledoneae

2. 花无真正的花冠（花被片逐渐变化，呈覆瓦状排列成 2 层至数层的，也可在此检索）；有或无花萼，有时可类似花冠。

3. 花单性，雌雄同株或异株，其中雄花（或雌花和雄花）均可成葇荑花序或类似葇荑状的花序。

4. 无花萼，或在雄花中存在。

5. 雌花以花梗着生于椭圆形膜质苞片的中脉上；心皮 1 枚
………………………………… 漆树科 Anacardiaceae（九子不离母属 *Dobinea*）

5. 雌花非如上述情形；心皮 2 枚或更多数。

6. 多为木质藤本;叶为全缘单叶,具掌状脉;果实为浆果
………………………………………………………… 胡椒科 Piperaceae

6. 乔木或灌木;叶可呈各种型式,但常为羽状脉;果实不为浆果。

7. 旱生性植物,有具节的分枝和极退化的叶片,后者在每节上且连合成为具齿的鞘状物 ……………………… 木麻黄科 Casuarinaceae(木麻黄属 *Casuarina*)

7. 植物体为其他情形者。

8. 果实为具多数种子的蒴果;种子有丝状毛茸 ………… 杨柳科 Salicaceae

8. 果实为仅具一种子的小坚果、核果或核果状的坚果。

9. 叶为羽状复叶;雄花有被 ……………………………… 胡桃科 Juglandaceae

9. 叶为单叶(有时在杨梅科中可为羽状分裂)。

10. 果实为肉质核果;雄花无花被 ……………………… 杨梅科 Myricaceae

10. 果实为小坚果;雄花有花被 ………………………… 桦木科 Betulaceae

4. 有花萼,或在雄花中不存在。

11. 子房下位。

12. 叶对生,叶柄基部互相连合 ………………… 金粟兰科 Chloranthaceae

12. 叶互生。

13. 叶为羽状复叶 ………………………………………… 胡桃科 Juglandaceae

13. 叶为单叶。

14. 果实为蒴果 ……………………………… 金缕梅科 Hammnelidaceae

14. 果实为坚果。

15. 坚果封藏于一变大呈叶状的总苞中 ………………… 桦木科 Betulacea

15. 坚果有一壳斗下托,或封藏在一多刺的果壳中 ……… 壳斗科 Fagacea

11. 子房上位。

16. 植物体中具白色乳汁。

17. 子房1室;椹果 ………………………………………… 桑科 Moracea

17. 子房2～3室;蒴果………………………………… 大戟科 Euphorbiacea

16. 植物体中无乳汁,或在大戟科的重阳木属 *Bischofia* 中具红色汁液。

18. 子房为单心皮所成;雄蕊的花丝在花蕾中向内曲 …… 荨麻科 Urticacea

18. 子房为2枚以上的连合心皮所组成;雄蕊的花丝在花蕾中常直立(在大戟科的重阳木属 *Bischofia* 及巴豆属 *Croton* 中则向前屈曲)。

19. 果实为3个(稀可为2～4个),离果所成的蒴果子雄蕊10个至多数,有时少于10个……………………………………………… 大戟科 Euphorbiaceae

19. 果实为其他情形;雄蕊少数至数个(大戟科的黄桐树属 *Endospermum* 为

6～10 个)，或和花萼裂片同数且对生。

20. 雌雄同株的乔木或灌木。

21. 子房 2 室；蒴果 ………………………………… 金缕梅科 Hamamelidaceae

21. 子房 1 室；坚果或核果 ………………………………………… 榆科 Ulmaceae

20. 雌雄异株的植物。

22. 草本或草质藤木；叶为掌状分裂或为掌叶 ……………… 桑科 Moraceae

22. 乔木或灌木；叶全缘，或在重阳木属为 3 小叶所成的复叶

……………………………………………………………… 大戟科 Euphorbiaceae

3. 花两性或单性，但并不成为葇荑花序。

23. 子房或子房室内有数个至多数胚珠。

24. 寄生性草本，无绿色叶片 ……………………… 大花草科 Rafflesiaceae

24. 非寄生性植物，有正常绿叶或叶退化而以绿色茎代行叶的功能。

25. 子房下位或部分下位。

26. 雌雄同株或异株，如为两性花时，则成肉质穗状花序。

27. 草本。

28. 植物体含多量液汁；单叶常不对称

……………………………… 秋海棠科 Begoniaceae(秋海棠属 *Begonia*)

28. 植物体不含多量液汁；羽状复叶

………………………………………… 四数木科 Datiscaceae(野麻属 *Datisca*)

27. 木本。

29. 花两性，成肉质穗状花序；叶全缘

………………………… 金缕梅科 Hamamelidaceae(假马蹄荷属 *Chunia*)

29. 花单性，成穗状、总状或头状花序；叶缘有锯齿或具裂片。

30. 花成穗状或总状花序；子房 1 室

……………………………… 四数木科 Datiscaceae(四数木属 *Tetrameles*)

30. 花成头状花序；子房 2 室

……………… 金缕梅科 Hamamelidaceae(枫香树亚科 Liquidambaroideae)

26. 花两性，但不成肉质穗状花序。

31. 子房 1 室。

32. 无花被；雄蕊着生在子房上 ……………………… 三白草科 Saururaceae

32. 有花被；雄蕊着生在花被上。

33. 茎肥厚，绿色，常具棘针；叶常退化；花被片和雄蕊都多数；浆果

……………………………………………………………… 仙人掌科 Cactaceae

33. 茎不成上述形状；叶正常；花被片和雄蕊皆为 5 出或 4 出数，或雄蕊数为前者的 2 倍；蒴果 ………………………………………… 虎耳草科 Saxifragaceae

31. 子房 4 室或更多室。

34. 乔木；雄蕊为不定数 ………………………………… 海桑科 Sonneratiaceae

34. 草本或灌木。

35. 雄蕊 4 个 …………………… 柳叶菜科 Onagraceae(丁香蓼属 *Ludwigia*)

25. 子房上位。

35. 雄蕊 6 或 12 个 ………………………………… 马兜铃科 Aristolochiaceae

36. 雄蕊或子房 2 个，或更多数。

37. 草本。

38. 复叶或多少有些分裂，稀可为单叶(如驴蹄草属 *Caltha*)，全缘或具齿裂；心皮多数至少数 ………………………………………………… 毛茛科 Ranunculaceae

38. 单叶，叶缘有锯齿；心皮和花萼裂片同数

……………………………… 虎耳草科 Saxffragaceae(扯根菜属 *Penthorum*)

37. 木本。

39. 花的各部为整齐的 3 出数 ………………………………… 木通科 Lardizabalaae

39. 花为其他情形。

40. 雄蕊数个至多数，连合成单体

………………………………………… 梧桐科 Sterculiaceae(苹婆族 Sterculieae)

40. 雄蕊多数，离生。

41. 花两性；无花被

…………………… 昆栏树科 Trochodendraceae(昆栏树属 *Trochodendron*)

41. 花雌雄异株，具 4 个小形萼片

…………………… 连香树科 Cercidiphyllaceae(连香树属 *Cercidiphrllum*)

36. 雌蕊或子房单独 1 个。

42. 雄蕊周位，即着生于萼筒或杯状花托上。

43. 有不育雄蕊 ………… 大风子科 Flacourtiaceae(山羊角树属 *Casearia*)

43. 无不育雄蕊。

44. 多汁草本植物；花萼裂片呈覆瓦状排列，成花瓣状，宿存；蒴果盖裂

………………………………………… 番杏科 Kizoaceae(海马齿属 *Sesuvium*)

44. 植物体为其他情形；花萼裂片不成花瓣状。

45. 叶为双数羽状复叶，互生；花萼裂片呈覆瓦状排列；果实为荚果；常绿乔木 ……………………………… 豆科 Leguminosae(云实亚科 Caesalpinoideae)

45. 叶为对生或轮生单叶；花萼裂片呈镊合状排列；非荚果。

46. 雄蕊为不定数；子房 10 室或更多室；果实浆果状
…………………………………………………… 海桑科 Sonnerafiaceae

46. 雄蕊 4～12 个(不超过花萼裂片的 2 倍)；子房 1 室至数室；果实蒴果状。

47. 花杂性或雌雄异株，微小，成穗状花序，再成总状或圆锥状排列
………………………… 隐翼科 Crypteroniaceae(隐翼属 *Cryptelvnia*)

47. 花两性，中型，单生至排列成圆锥花序 …………… 千屈菜科 Lythraceae

42. 雄蕊下位，即着生于扁平或凸起的花托上。

48. 木本；叶为单叶。

49. 乔木或灌木；雄蕊常多数，离生；胚珠生于侧膜胎座或隔膜上
…………………………………………………… 大风子科 Flacourtiaceae

49. 木质藤本；雄蕊 4 或 5 个，基部连合成杯状或环状；胚珠基生(即位于子房室的基底) …………………………………………… 苋科 Amaranthaceae

48. 草本或亚灌木。

50. 植物体沉没水中，常为一具背腹面呈原叶体状的构造，像苔藓
…………………………………………………… 河苔草科 Podostemaceae

50. 植物体非如上述情形。

51. 子房 3～5 室。

52. 食虫植物；叶互生；雌雄异株
………………………… 猪笼草科 Nepenthaceae(猪笼草属 *Nepenthes*)

52. 非食虫植物；叶对生或轮生；花两性
………………………………… 番杏科 Aizoacee(粟米草属 *Mollugo*)

51. 子房 1～2 室。

53. 叶为复叶或多少有些分裂 ………………… 毛茛科 Ranunculaceae

53. 叶为单叶。

54. 侧膜胎座。

55. 花无花被 ………………………………… 三白草科 Saururaceae

55. 花具 4 片离生萼片 ……………………………… 十字花科 Cruciferae

54. 特立中央胎座。

56. 花序呈穗状、头状或圆锥状；萼片多少为干膜质
…………………………………………………… 苋科 Amaranthaceae

56. 花序呈聚伞状；萼片草质 ………………… 石竹科 Caryophytlaceae

23. 子房或其子房室内仅有 1 个至数个胚珠。

57. 叶片中常有透明微点。

58. 叶为羽状复叶 …………………………………………… 芸香科 Rutaceae

58. 叶为单叶,全缘或有锯齿。

59. 草本植物,或有时在金粟兰科为木本植物;花无花被,常成简单或复合的穗状花序,但在胡椒科齐头绒属 *Zippelia* 则成疏松总状花序。

60. 子房下位,仅 1 室,有 1 个胚珠;叶对生,叶柄在基部连合

………………………………………………… 金粟兰科 Chloranthaceae

60. 子房上位;叶如为对生时,叶柄也不在基部连合。

61. 雌蕊由 3~6 枚近于离生心皮组成,每心皮各有 2~4 个胚珠

……………………………… 三白草科 Saururaceae(三白草属 *Saururus*)

61. 雌蕊由 1~4 枚合生心皮组成,仅 1 室,有 1 个胚珠

…………… 胡椒科 Piperaceae(齐头绒属 *Zippelia*,豆瓣绿属 *Peperomia*)

59. 乔木或灌木;花具一层花被;花序有各种类型,但不为穗状。

62. 花萼裂片常 3 片,呈镊合状排列;子房为 1 枚心皮所成,成熟时肉质,常以 2 瓣裂开;雌雄异株 …………………………………… 肉豆蔻科 Myrisficaceae

62. 花萼裂片 4~6 片,呈覆瓦状排列;子房为 2~4 枚合生心皮所成。

63. 花两性;果实仅 1 室,蒴果状,2~3 瓣裂开

…………………………… 大风子科 Flacourtiaceae(山羊角树属 *Casearia*)

63. 花单性,雌雄异株;果实 2~4 室,肉质或革质,很晚才裂开

…………………………………… 大戟科 Euphorbiace(白树属 *Gelonium*)

57. 叶片中无透明微点。

64. 雄蕊连为单体,至少在雄花中有这一现象,花丝互相连合成筒状或成一中柱。

65. 肉质寄生草本植物,具退化呈鳞片状的叶片,无叶素

…………………………………………………… 蛇菇科 Balanophoraceae

65. 植物体为非寄生性,有绿叶。

66. 雌雄同株,雄花成球形头状花序,雌花以 2 个同生于 1 个有 2 室而具钩状芒刺的果壳中 ………………………… 菊科 Compositae(苍耳属 *Xanthium*)

66. 花两性,如为单性时,雄花及雌花也无上述情形。

67. 草本植物;花两性。

68. 叶互生 ………………………………………………… 藜科 Chenopodiaceae

68. 叶对生。

69. 花显著,有连成花萼状的总苞 ………………… 紫茉莉科 Nyctaginaceae

69. 花微小,无上述情形的总苞 ……………………… 苋科 Amaranthaceae

67. 乔木或灌木,稀可为草本;花单性或杂性;叶互生。

70. 萼片呈覆瓦状排列,至少在雄花中如此 ………… 大戟科 Euphorbiaceae

70. 萼片呈镊合状排列。

71. 雌雄异株;花萼常具3片裂片;雌蕊为1枚心皮所成,成熟时肉质,且常以2瓣裂开 ……………………………………………… 肉豆蔻科 Myrisficaceae

71. 花单性或雄花和两性花同株;花萼具4~5片裂片或裂齿;雌蕊为3~6枚近于离生的心皮所成,各心皮于成熟时为革质或木质,呈蓇葖果状不裂开 ………………………………… 梧桐科 Stemuliaceae(苹婆族 Sterculieae)

64. 雄蕊各自分离,有时仅为1个,或花丝成为分枝的簇丛(如大戟科的蓖麻属 *Ricinus*)。

72. 每花有雌蕊2个至多数,近于或完全离生;或花的界限不明显时,则雌蕊多数,成一球形头状花序。

73. 花托下陷,呈杯状或坛状。

74. 灌木;叶对生;花被片在坛状花托的外侧排列成数层 ……………………………………………… 蜡梅科 Calycanthaceae

74. 草本或灌木;叶互生;花被片在杯状或坛状花托的边缘排列成一轮 ……………………………………………… 蔷薇科 Rosaceae

73. 花托扁平或隆起,有时可延长。

75. 乔木、灌木或木质藤本。

76. 花有花被 …………………………………………… 木兰科 Magnoliaceae

76. 花无花被。

77. 落叶灌木或小乔木;叶卵形,具羽状脉和锯齿缘;无托叶;花两性或杂性,在叶腋中丛生;翅果无毛,有柄 … 昆栏树科 Trochodendraceae(领春木属 *Euptelea*)

77. 落叶乔木,叶广阔,掌状分裂,叶缘有缺刻或大锯齿;有托叶围茎成鞘,易脱落;花单性,雌雄同株,分别聚成球形头状花序;小坚果,围以长柔毛 ……………………………… 悬铃木科 Platanaceae(悬铃木属 *Platanus*)

75. 草木或稀为亚灌木,有时为攀援性。

78. 胚珠倒生或直生。

79. 叶片多少有些分裂,或为复叶;无托叶或极微小;有花被(花萼);胚珠倒生;花单生或成各种类型的花序 ………………………… 毛茛科 Ranunculaceae

79. 叶为全缘单叶;有托叶;无花被;胚珠直生;花成穗形总状花序 ……………………………………………… 三白草科 Saururaceae

78. 胚珠常弯生，叶为全缘单叶。

80. 直立草本；叶互生，非肉质 ………………………… 商陆科 Phytolaccaceae

80. 平卧草本；叶对生，肉质 ……… 番杏科 Aizoaceae（针晶粟草属 *Gisekia*）

72. 每花仅有 1 个复合或单雌蕊，心皮有时于成熟后各自分离。

81. 子房下位或半下位。

82. 草本。

83. 水生或小形沼泽植物。

84. 花柱 2 个或更多；叶片（尤其沉没水中的）常成羽状细裂或为复叶

……………………………………………………… 小二仙草科 Haloragidaceae

84. 花柱 1 个，叶为线形全缘单叶 ………………… 杉叶藻科 Hippuridaceae

83. 陆生草本。

85. 寄生性肉质草本，无绿叶。

86. 花单性，雌花常无花被；无珠被及种皮 ……… 蛇菰科 Balanophoraceae

86. 花杂性，有一层花被，两性花有 1 个雄蕊；有珠被及种皮

……………………………… 锁阳科 Cynomoriaceae（锁阳属 *Cynomorium*）

85. 非寄生性植物，或与百蕊草属 *Thesium* 为半寄生性，但均有绿叶。

87. 叶对生，其形宽广且有锯齿缘 ……………… 金粟兰科 Chloranthaceae

87. 叶互生。

88. 平铺草本（限于我国植物）；叶片宽，三角形，多少有些肉质

…………………………………… 番杏科 Aizoaceae（番杏属 *Tetragonia*）

88. 直立草本；叶片窄而细长 …… 檀香科 Santalaceae（百蕊草属 *Thesium*）

82. 灌木或乔木。

89. 子房 3～10 室。

90. 坚果 1～2 个，同生在一个木质且可裂为 4 瓣的壳斗里

…………………………………………… 壳斗科 Fagaceae（水青冈属 *Fagus*）

90. 核果，并不生在壳斗里。

91. 雌雄异株，成顶生的圆锥花序，后者并不为叶状苞片所托

……………………………… 山茱萸科 Cornaceae（鞘柄木属 *Torricellia*）

91. 花杂性，形成球形的头状花序，后者为 2～3 片白色叶状苞片所托

…………………………………………… 珙桐科 Nyssacea（珙桐属 *Davidia*）

89. 子房 1 或 2 室，或在铁青树科的青皮木属 Schoepfia 中，子房的基部可为 3 室。

92. 花柱 2 个。

93. 蒴果，2 瓣裂开 ………………………………… 金缕梅科 Hamamelidaceae

93. 果实呈核果状，或为蒴果状的瘦果，不裂开 ……… 鼠李科 Rhamnaceae

92. 花柱 1 个或无花柱。

94. 叶片下面多少有些具皮屑状或鳞片状的附属物

……………………………………………………… 胡颓子科 Elaeagnaceae

94. 叶片下面无皮屑状或鳞片状的附属物。

95. 叶缘有锯齿或圆锯齿，稀可在荨麻科的紫麻属 *Oreocnide* 中有全缘者。

96. 叶对生，具羽状脉；雄花裸露，有雄蕊 1～3 个

…………………………………………………… 金粟兰科 Chloranthaceae

96. 叶互生，大都于叶基具 3 出脉；雄花具花被及雄蕊 4 个(稀可 3 或 5 个)

………………………………………………………………… 荨麻科 Urticaceae

95. 叶全缘，互生或对生。

97. 植物体寄生在乔木的树干或枝条上；果实呈浆果状

……………………………………………………… 桑寄生科 Loranthaceae

97. 植物体大都陆生，或有时可为寄生性；果实呈坚果状或核果状；胚珠 1～5 个。

98. 花多为单性；胚珠垂悬于基底胎座上 ……………… 檀香科 Santalaceae

98. 花两性或单性；胚珠垂悬于子房室的顶端或中央胎座的顶端。

99. 雄蕊 10 个，为花萼裂片的 2 倍数

……………………………… 使君子科 Combretaceae(诃子属 *Terminalia*)

99. 雄蕊 4 或 5 个，和花萼裂片同数且对生 …………… 铁青树科 Olacaceae

81. 子房上位，如有花萼时，和它相分离，或在紫茉莉科及胡颓子科中，当果实成熟时，子房为宿存萼筒所包围。

100. 托叶鞘围抱茎的各节；草本，稀可为灌木 ………… 蓼科 Polygonaceae

100. 无托叶鞘，在悬铃木科有托叶鞘但易脱落。

101. 草本，或有时在藜科及紫茉莉科中为亚灌木。

102. 无花被。

103. 花两性或单性；子房 1 室，内仅有 1 个基生胚珠。

104. 叶基生，由 3 个小叶而成；穗状花序在一个基生无叶的细长花梗上

…………………………………… 小蘖科 Berberidaceae(花草属 *Achlys*)

104. 叶茎生，单叶；穗状花序顶生或腋生，但常和叶相对生

………………………………………… 椒科 Piperaceae(胡椒属 *Piper*)

103. 花单性；子房 3 或 2 室。

105. 水生或微小的沼泽植物，无乳汁；子房 2 室，每室内含 2 个胚珠 …………………………… 水马齿科 Callitrichaceae(水马齿属 *Callitriche*)

105. 陆生植物；有乳汁；子房 3 室，每室内仅含 1 个胚珠 ………………………………………………………… 大戟科 Euphorbiaceae

102. 有花被，当花为单性时，特别是雄花如此。

106. 花萼呈花瓣状，且呈管状。

107. 花有总苞，有时这个总苞类似花萼 ………… 紫茉莉科 Nyctaginaceae

107. 花无总苞。

108. 胚珠 1 个，在子房的近顶端处 ………………… 瑞香科 Thymelaeaceae

108. 胚珠多数，生在特立中央胎座上 ………………………………… 报春花科 Primulaceae(海乳草属 *Glaux*)

106. 花萼非上述情形。

109. 雄蕊周位，即位于花被上。

110. 叶互生，羽状复叶而有草质的托叶；花无膜质苞片，瘦果 ………………………………… 蔷薇科 Rosaceae(地榆族 Sanguisorbieae)

110. 叶对生，或在蓼科的冰岛蓼属 *Koenigia* 为互生，单叶无草质托叶；花有膜质苞片。

111. 花被片和雄蕊各为 5 或 4 个，对生；囊果；托叶膜质 ……………………………………………………… 石竹科 Caryophyllaceae

111. 花被片和雄蕊各为 3 个，互生；坚果；无托叶 ………………………………… 蓼科 Polygonaceae(冰岛蓼属 *Koenigia*)

109. 雄蕊下位，即位于子房下。

112. 花柱或其分枝为 2 个或数个，内侧常为柱头面。

113. 子房常为数个至多数心皮连合而成…………… 商陆科 Phytolaccaceae

113. 子房常为 2 或 3(或 5)枚心皮连合而成。

114. 子房 3 室，稀可 2 或 4 室 ……………………… 大戟科 Euphorbiaceae

114. 子房 1 或 2 室。

115. 叶为掌状复叶，或具掌状脉而有宿存托叶 ………………………………… 桑科 Moraceae(大麻亚科 Cannaboideae)

115. 叶具羽状脉，或稀可为掌状脉而无托叶，也可在藜科中叶退化成鳞片或为肉质而形如圆筒。

116. 花有草质而带绿色或灰绿色的花被及苞片 …… 藜科 Chenopodiaceae

116. 花有干膜质而常有色泽的花被及苞片 ………… 苋科 Amaranthaceae

112. 花柱1个，常顶端有柱头，也可无花柱。

117. 花两性。

118. 雌蕊为单心皮；花萼由2片膜质且宿存的萼片而成；雄蕊2个
…………………………………… 毛茛科 Ranunculaceae（星叶草属 *Circaeaster*）

118. 雌蕊由2枚合生心皮而成。

119. 萼片2片；雄蕊多数 …… 罂粟科 Papaveraceae（博落回属 *Macleaya*）

119. 萼片4片；雄蕊2或4个
…………………………………… 十字花科 Cruciferae（独行菜属 *Lepidium*）

117. 花单性。

120. 沉没于淡水中的水生植物；叶细裂成丝状
…………………… 金鱼藻科 Ceratophyllaceae（金鱼藻属 *Ceratophyllum*）

120. 陆生植物；叶为其他情形。

121. 叶含多量水分；托叶连接叶柄的基部；雄花的花被2片；雄蕊多数
…………………… 假牛繁缕科 Theligonaceae（假牛繁缕属 *Theligonum*）

121. 叶不含多量水分；如有托叶时，也不连接叶柄的基部；雄花的花被片和雄蕊均各为4或5个，二者相对生 …………………………… 荨麻科 Urticaceae

101. 木本植物或亚灌木。

122. 耐寒旱性的灌木，或在藜科的琐琐属 *Haloxylon* 为乔木；叶微小，细长或呈鳞片状，也可有时（如藜科）为肉质而成圆筒形或半圆筒形。

123. 雌雄异株或花杂性；花萼为3出数，萼片微呈花瓣状，和雄蕊同数且互生；花柱1个，极短，常有6～9个放射状且有齿裂的柱头；核果；胚体劲直；常绿而基部偃卧的灌木；叶互生，无托叶
…………………………………… 岩高兰科 Empetraceae（岩高兰属 *Empetrum*）

123. 花两性或单性，花萼为5出数，稀可3出或4出数，萼片或花萼裂片草质或革质，和雄蕊同数且对生，或在黎科中雄蕊由于退化而数较少，甚或1个；花柱或花柱分枝2或3个，内侧常为柱头面；胞果或坚果；胚体弯曲如环或弯曲成螺旋形。

124. 花无膜质苞片；雄蕊下位；叶互生或对生；无托叶；枝条常具关节
………………………………………………………… 藜科 Chenopodiaceae

124. 花有膜质苞片；雄蕊周位；叶对生，基部常互相连合；有膜质托叶；枝条不具关节 ………………………………………… 石竹科 Caryophyllaceae

122. 非上述植物；叶片矩圆形或披针形，或宽广至圆形。

125. 果实及子房均为2室至数室，或在大风子科中为不完全的2室至数室。

126. 花常为两性。

127. 萼片 4 或 5 片，稀可 3 片，呈覆瓦状排列。

128. 雄蕊 4 个；4 室的蒴果

…………………………………… 木兰科 Magnoliaceae（水青树属 *Tetracentron*）

128. 雄蕊多数；浆果状的核果 …………………… 大风子科 Flacouriticeae

127. 萼片多 5 片，呈镊合状排列。

129. 雄蕊为不定数；具刺的蒴果

…………………………………… 杜英科 Elaeocarpaceae（猴欢喜属 *Sloanea*）

129. 雄蕊和萼片同数；核果或坚果。

130. 雄蕊和萼片对生，各为 3～6 个 …………………… 铁青树科 Olacaceae

130. 雄蕊和萼片互生，各为 4 或 5 个 …………………… 鼠李科 Rhamnaceae

126. 花单性（雌雄同株或异株）或杂性。

131. 果实各种；种子无胚乳或有少量胚乳。

132. 雄蕊常 8 个；果实坚果状或为有翅的蒴果；羽状复叶或单叶

…………………………………………………………… 无患子科 Sapindaceae

132. 雄蕊 5 或 4 个，且和萼片互生；核果有 2～4 个小核；单叶

…………………………………… 鼠李科 Rhamnaceae（鼠李属 *Rhamnus*）

131. 果实多呈蒴果状，无翅；种子常有胚乳。

133. 果实为具 2 室的蒴果，有木质或革质的外种皮及角质的内果皮

…………………………………………………… 金缕梅科 Hamamelidaceae

133. 果实纵为蒴果时，也不像上述情形。

134. 胚珠具腹脊；果实有各种类型，但多为胞间裂开的蒴果

…………………………………………………………… 大戟科 Euphorbiaceae

134. 胚珠具背脊；果实为胞背裂开的蒴果，或有时呈核果状

……………………………………………………………… 黄杨科 Buxaceae

125. 果实及子房均为 1 或 2 室，稀可在无患子科的荔枝属 *Litchi* 及韶子属 *Nephelium* 中为 3 室，或在卫矛科的十齿花属 *Dipentodon* 及铁青树科的铁青树属 *Olax* 中，子房的下部为 3 室，而上部为 1 室。

135. 花萼具显著的萼筒，且常呈花瓣状。

136. 叶无毛或下面有柔毛；萼筒整个脱落 ………… 瑞香科 Thymelaeaceae

136. 叶下面具银白色或棕色的鳞片；萼筒或其下部永久宿存，当果实成熟时，变为肉质而紧密包着子房 ………………………… 胡颓子科 Elaeagnaceae

135. 花萼非上述情形，或无花被。

137. 花药以 2 或 4 个舌瓣裂开 …………………………………… 樟科 Iauraceae

137. 花药不以舌瓣裂开。

138. 叶对生。

139. 果实为有双翅或呈圆形的翅果………………………… 槭树科 Aceraceae

139. 果实为有单翅而呈细长形兼矩圆形的翅果 ………… 木犀科 Oleaceae

138. 叶互生。

140. 叶为羽状复叶。

141. 叶为二回羽状复叶,或退化仅具叶状柄(特称为叶状叶柄 phyllodia)

……………………………………… 豆科 Leguminosae(金合欢属 *Acacia*)

141. 叶为一回羽状复叶。

142. 小叶边缘有锯齿;果实有翅

…………………………… 马尾树科 Rhoipteleaceae(马尾树属 *Rhoiptelea*)

142. 小叶全缘;果实无翅。

143. 花两性或杂性 ……………………………………… 无患子科 Sapindaceae

143. 雌雄异株 ………………… 漆树科 Anacardiaceae(黄连木属 *Pistacia*)

140. 叶为单叶。

144. 花均无花被。

145. 多为木质藤本;叶全缘;花两性或杂性,成紧密的穗状花序

………………………………………… 胡椒科 Piperaceae(胡椒属 *Piper*)

145. 乔木;叶缘有锯齿或缺刻;花单性。

146. 叶宽广,具掌状脉及掌状分裂,叶缘具缺刻或大锯齿;有托叶,围茎成鞘,但易脱落;雌雄同株,雌花和雄花分别成球形的头状花序;雌蕊为单心皮而成;小坚果为倒圆锥形而有棱角,无翅也无梗,但围以长柔毛

…………………………… 悬铃木科 Platanaceae(悬铃木属 *Platanus*)

146. 叶椭圆形至卵形,具羽状脉及锯齿缘;无托叶;雌雄异株,雄花聚成疏松有苞片的簇丛,雌花单生于苞片的腋内;雌蕊为 2 枚心皮而成;小坚果扁平,具翅且有柄,但无毛 ………………… 杜仲科 Eucommiaceae(杜仲属 *Eucommia*)

144. 花常有花萼,尤其在雄花。

147. 植物体内有乳汁 ………………………………………… 桑科 Moraceae

147. 植物体内无乳汁。

148. 花柱或其分枝 2 个或数个,但在大戟科的核实树属 *Crypetes* 中柱头几无柄,呈盾状或肾脏形。

149. 雌雄异株或有时为同株;叶全缘或具波状齿。

150. 矮小灌木或亚灌木；果实干燥，包藏于具有长柔毛而互相连合成双角状的 2 片苞片中；胚体弯曲如环………… 藜科 Chenopodiaceae(优若藜属 *Eurotia*)

150. 乔木或灌木；果实呈核果状，常为 1 室含 1 个种子，不包藏于苞片内；胚体劲直 …………………………………………………… 大戟科 Euphorbiaceae

149. 花两性或单性；叶缘多有锯齿或具齿裂，稀可全缘。

151. 雄蕊多数 ………………………………………… 大风子科 Flacourtiaceae

151. 雄蕊 10 个或较少。

152. 子房 2 室，每室有 1 个至数个胚珠；果实为木质蒴果

……………………………………………………… 金缕梅科 Hamamelidaceae

152. 子房 1 室，仅含 1 个胚珠；果实不是本质蒴果 ………… 榆科 Ulmaceae

148. 花柱 1 个，也可有时(如荨麻属)不存，而柱头呈画笔状。

153. 叶缘有锯齿；子房为 1 枚心皮而成。

154. 花两性 …………………………………………… 山龙眼科 Proteaceae

154. 雌雄异株或同株。

155. 花生于当年新枝上；雄蕊多数

…………………………………………… 蔷薇科 Rosaceae(假稠李属 *Maddenia*)

155. 花生于老枝上；雄蕊和萼片同数 …………………… 荨麻科 Urticaceae

153. 叶全缘或边缘有锯齿；子房为 2 枚以上连合心皮所成。

156. 果实呈核果状或坚果状，内有 1 个种子；无托叶。

157. 子房具 1 或多个胚珠；果实于成熟后由萼筒包围

…………………………………………………………… 铁青树科 Olacaceae

157. 子房仅具 1 个胚珠；果实和花萼相分离，或仅果实基部由花萼衬托之

…………………………………………………………… 山柚子科 Opiliaceae

156. 果实呈蒴果状或浆果状，内含数个至 1 个种子。

158. 花下位，雌雄异株，稀可杂性，雄蕊多数；果实呈浆果状；无托叶

……………………………………… 大风子科 Flacourtiaceae(柞木属 *Xylosma*)

158. 花周位，两性；雄蕊 5～12 个；果实呈蒴果状；有托叶，但易脱落。

159. 花为腋生的簇丛或头状花序；萼片 4～6 片

………………………………… 大风子科 Flacourtiaceae(山羊角树属 *Casearia*)

159. 花为腋生的伞形花序；萼片 10～14 片 ……………………………

………………………………… 卫矛科 Celastraceae(十齿花属 *Dipentodon*)

2. 花具花冠，花萼也具花冠，或有两层以上的花被片，有时花冠可为蜜腺叶所代替。

160. 花冠常为离生的花瓣所组成。

161. 成熟雄蕊(或单体雄蕊的花药)多在10个以上,通常多数,或其数超过花瓣的2倍。

162. 花萼和1个或更多的雌蕊多少有些互相愈合,即子房下位或半下位。

163. 水生草本植物;子房多室 ………………………… 睡莲科 Nymphaeaceae

163. 陆生植物;子房1室至数室,也可心皮为1枚至数枚,或在海桑科中为多室。

164. 植物体具肥厚的肉质茎,多有刺,常无真正叶 …… 仙人掌科 Cactaceae

164. 植物体为普通形态,不呈仙人掌状,有真正的叶片。

165. 草本植物,或稀可为亚灌木。

166. 花单性。

167. 雌雄同株;花鲜艳,多成腋生聚伞花序;子房2～4室
……………………………… 秋海棠科 Begoniaceae(秋海棠属 *Begonia*)

167. 雌雄异株;花小而不显著,成腋生穗状或总状花序
…………………………………………………………… 四数木科 Datiscaceae

166. 花常两性。

168. 叶基生或茎生,呈心形,或在阿柏麻属 *Apama* 为长形,不为肉质;花为3出数 ……………………………… 马兜铃科 Aristolochiaceae(细辛族 Asareae)

168. 叶茎生,不呈心形,多少有些肉质,或为圆柱形;花不是3出数。

169. 花萼裂片常为5片,叶状;蒴果5室或更多室,在顶端呈放射状裂开
…………………………………………………………………… 番杏科 Aizoaceae

169. 花萼裂片2片;蒴果1室,盖裂
……………………………… 马齿苋科 Portulacaceae(马齿苋属 *Portulaca*)

165. 乔木或灌木(但在虎耳草科的银梅草属 *Deinanthe* 及草绣球属 *Cardiandra* 为亚灌木,黄山梅属 *Kirengeshoma* 为多年生高大草本),有时以气生小根而攀援。

170. 叶通常对生(虎耳草科的草绣球属 *Cardiandra* 为例外),或在石榴科的石榴属 *Punico* 中有时可互生。

171. 叶缘常有锯齿或全缘;花序(除山梅花族 Philadelpheae 外)常有不孕的边缘花 ……………………………………… 虎耳草科 Saxffragaceae

171. 叶全缘;花序无不孕花。

172. 叶为脱落性;花萼呈朱红色……… 石榴科 Punicaceae(石榴属 *Punica*)

172. 叶为常绿性;花萼不呈朱红色。

173. 叶片中有腺体微点；胚珠常多数 ………………… 桃金娘科 Myrtaceae

173. 叶片中无微点。

174. 胚珠在每子房室中为多数……………………… 海桑科 Sonnerafiaceae

174. 胚珠在每子房室中仅 2 个，稀可较多 ………… 红树科 Rhizophoraceae

170. 叶互生

175. 花瓣细长形兼长方形，最后向外翻转

……………………………… 八角枫科 Alangiaceae(八角枫属 Alangium)

175. 花瓣不成细长形，或为细长形时，花瓣也不向外翻转。

176. 叶无托叶。

177. 叶全缘；果实肉质或木质

……………………………… 玉蕊科 Lecythidaceae(玉蕊属 *Barringtonia*)

177. 叶缘多少有些锯齿或齿裂；果实呈核果状，其形歪斜

……………………………… 山矾科 Symplocaceae(山矾属 *Symplocos*)

176. 叶有托叶。

178. 花瓣呈旋转状排列；花药隔向上延伸；花萼裂片中 2 片或更多片，在果实上变大而呈翅状 ……………………………… 龙脑香科 Dipterocarpaceae

178. 花瓣呈覆瓦状或旋转状排列(如蔷薇科的火棘属 *Pyracantha*)；花药隔并不向上延伸；花萼裂片也无上述变大情形。

179. 子房 1 室，内具 2～6 个侧膜胎座，各有 1 个至数个胚珠；果实为革质蒴果，自顶端以 2～6 片裂开 …… 大风子科 Flacourtiaceae(天料木属 *Homalium*)

179. 子房 2～5 室，内具中轴胎座，或其心皮在腹面互相分离而具边缘胎座。

180. 花成伞房、圆锥、伞形或总状等花序，稀可单生；子房 2～5 室，或心皮 2～5 枚，下位，每室或每心皮有胚珠 1～2 个，稀可有时为 3～10 个，或为多数；果实为肉质或木质假果；种子无翅 ………… 蔷薇科 Rosaceae(梨亚科 Pomoideae)

180. 花成头状或肉穗花序；子房 2 室，半下位，每室有胚珠 2～6 个；果为木质蒴果；种子有或无翅

………………… 金缕梅科 Hamamelidaceae(马蹄荷亚科 Bucklandioideae)

162. 花萼和 1 个或更多的雌蕊互相分离，即子房上位。

181. 花为周位花。

182. 萼片和花瓣相似，覆瓦状排列成数层，着生于坛状花托的外侧

……………………………… 蜡梅科 Calycanthaceae(洋蜡梅属 *Calycanthus*)

182. 萼片和花瓣有分化，在萼筒或花托的边缘排列成 2 层。

183. 叶对生或轮生，有时上部者可互生，但均为全缘单叶；花瓣常于蕾中呈

皱折状。

184. 花瓣无爪，形小，或细长；浆果 ……………………… 海桑科 Sonneratiaceae

184. 花瓣有细爪，边缘具腐蚀状的波纹或具流苏；蒴果
………………………………………………………………… 千屈菜科 Lythraceae

183. 叶互生，单叶或复叶；花瓣不呈皱折状。

185. 花瓣宿存；雄蕊的下部连成一管
…………………………………………… 亚麻科 Linaceae（粘木属 *Ixonanthes*）

185. 花瓣脱落性；雄蕊互相分离。

186. 草本植物；具 2 出数的花朵；萼片 2 片，早落性；花瓣 4 个
…………………………………… 罂粟科 Papaveraceae（花菱草属 *Eschscholzia*）

186. 木本或草本植物，具 5 出或 4 出数的花朵。

187. 花瓣镊合状排列；果实为荚果；叶多为二回羽状复叶；有时叶片退化，而叶柄发育为叶状柄；心皮 1 枚…… 豆科 Leguminosae（含羞草亚科 Mimosoideae）

187. 花瓣覆瓦状排列；果实为核果、蓇葖果或瘦果；叶为单叶或复叶；心皮 1 枚至数枚 ……………………………………………………………… 蔷薇科 Rosaceae

181. 花为下位花，或至少在果实时花托扁平或隆起。

188. 雌蕊少数至多数，互相分离或微有连合。

189. 水生植物。

190. 叶片呈盾状，全缘 ……………………………………… 睡莲科 Nymphaeaceae

190. 叶片不呈盾状，多少有些分裂或为复叶 ……… 毛茛科 Ranunculaceae

189. 陆生植物。

191. 茎为攀援性。

192. 草质藤本。

193. 花显著，为两性花 …………………………………… 毛茛科 Ranunculaceae

193. 花小形，为单性，雌雄异株 ……………………… 防己科 Menispermaceae

192. 木质藤本或为蔓生灌木。

194. 叶对生，复叶由 3 个小叶所成，或顶端小叶形成卷须
…………………………………… 毛茛科 Ranunculaceae（锡兰莲属 *Naravelia*）

194. 叶互生，单叶。

195. 花单性。

196. 心皮多数，结果时聚生成一球状的肉质体或散布于极延长的花托上
…………………………… 木兰科 Magnoliaceae（五味子亚科 Schisandroideae）

196. 心皮 3～6 枚，果为核果或核果状 …………… 防己科 Menispermaceae

195. 花两性或杂性；心皮数个，果为蓇葖果
…………………………………… 五桠果科 Dilleniaceae（锡叶藤属 *Tetracera*）
191. 茎直立，不为攀援性。
197. 雄蕊的花丝连成单体 ……………………………… 锦葵科 Malvaceae
197. 雄蕊的花丝互相分离。
198. 草本植物，稀可为亚灌木；叶片多少有些分裂或为复叶。
199. 叶无托叶，种子有胚乳 ……………………………… 毛茛科 Ranunculaceae
199. 叶多有托叶，种子无胚乳 ……………………………… 蔷薇科 Rosaceae
198. 木本植物；叶片全缘或边缘有锯齿，也稀有分裂者。
200. 萼片及花瓣均为镊合状排列；胚乳具嚼痕 …… 番荔枝科 Annonaceae
200. 萼片及花瓣均为覆瓦状排列；胚乳无嚼痕。
201. 萼片及花瓣相同，3 出数，排列成 3 层或多层，均可脱落
…………………………………………………………… 木兰科 Magnoliaceae
201. 萼片及花瓣甚有分化，多为 5 出数，排列成 2 层，萼片宿存。
202. 心皮 3 枚至数枚；花柱互相分离；胚珠为不定数
…………………………………………………………… 五桠果科 Dilleniaceae
202. 心皮 3～10 枚；花柱完全合生；胚珠单生
…………………………………… 金莲木科 Ochnaceae（金莲木属 *Ochna*）
188. 雌蕊 1 个，但花柱或柱头为 1 个至数个。
203. 叶片中无透明微点。
204. 叶互生，羽状复叶或退化为仅有 1 个顶生小叶
…………………………………………………………… 芸香科 Rutaceae
204. 叶对生，单叶 ……………………………………… 藤黄科 Guttiferae
203. 叶片中具透明微点。
205. 子房单纯，具 1 室子房室。
206. 乔木或灌木；花瓣呈镊合状排列；果实为荚果
…………………………………… 豆科 Leguminosae（含羞草亚科 Mimosoideae）
206. 草本植物；花瓣呈覆瓦状排列；果实不是荚果。
207. 花为 5 出数；蓇葖果 ……………………………… 毛茛科 Ranunculaceae
207. 花为 3 出数；浆果……………………………… 小檗科 Berberidaceae
205. 子房为复合性。
208. 子房 1 室，或在马齿苋科的土人参属 *Talinum* 中子房基部为 3 室。
209. 特立中央胎座。

210. 草本；叶互生或对生；子房的基部 3 室，有多数胚珠

………………………………… 马齿苋科 Poaulacaceae（土人参属 *Talinum*）

210. 灌木；叶对生；子房 1 室，内有成为 3 对的 6 个胚珠

………………………………… 红树科 Rhizophoraceae（秋茄树属 *Kandelia*）

209. 侧膜胎座。

211. 灌木或小乔木（在半日花科中常为亚灌木或草本植物），子房柄不存在或极短；果实为蒴果或浆果。

212. 叶对生；萼片不相等，外面 2 片较小，或有时退化，内面 3 片呈旋转状排列 ………………………………… 半日花科 Cistaceae（半日花属 *Helianthemum*）

212. 叶常互生；萼片相等，呈覆瓦状或镊合状排列。

213. 植物体内含有色泽的汁液；叶具掌状脉，全缘；萼片 5 片，互相分离，基部有腺体；种皮肉质，红色 ……………………… 红木科 Bixaceae（红木属 *Bixa*）

213. 植物体内不含有色泽的汁液；叶具羽状脉或掌状脉；叶缘有锯齿或全缘；萼片 3～8 片，离生或合生；种皮坚硬，干燥 ………… 大风子科 Flacourtiaceae

211. 草本植物，如为木本植物时，则具有显著的子房柄；果实为浆果或核果。

214. 植物体内含乳汁；萼片 2～3 片 ………………… 罂粟科 Papaveraceae

214. 植物体内不含乳汁；萼片 4～8 片。

215. 叶为单叶或掌状复叶；花瓣完整；长角果 …… 白花菜科 Capparidaceae

215. 叶为单叶，或为羽状复叶或分裂；花瓣具缺刻或细裂；蒴果仅于顶端裂开 ………………………………………………………… 木犀草科 Resedaceae

208. 子房 2 室至多室，或为不完全的 2 室至多室。

216. 草本植物，具多少有些呈花瓣状的萼片。

217. 水生植物；花瓣为多数雄蕊或鳞片状的蜜腺叶所代替

………………………………… 睡莲科 Nymphaeaceae（萍蓬草属 *Nuphar*）

217. 陆生植物；花瓣不为蜜腺叶所代替。

218. 一年生草本植物；叶呈羽状细裂；花两性

………………………………… 毛茛科 Ranunculaceae（黑种草属 *Nigella*）

218. 多年生草本植物；叶全缘而呈掌状分裂；雌雄同株

………………………………… 大戟科 Euphorbiaceae（麻风树属 *Jatropha*）

216. 木本植物，或陆生草本植物，常不具呈花瓣状的萼片。

219. 萼片于蕾内，呈镊合状排列。

220. 雄蕊互相分离，或连成数束。

221. 花药 1 室或数室；叶为掌状复叶或单叶；全缘，具羽状脉

…………………………………………………………………… 木棉科 Bombacaceae

221. 花药 2 室;叶为单叶,叶缘有锯齿或全缘。

222. 花药以顶端 2 孔裂开 ………………………… 杜英科 Elaeocarpaceae

222. 花药纵长裂开 …………………………………………… 椴树科 Tiliaceae

220. 雄蕊连为单体,至少内层者如此,并且多少有些连成管状。

223. 花单性;萼片 2 或 3 片 …… 大戟科 Euphorbiaceae(油桐属 *Aleurites*)

223. 花常两性;萼片多 5 片,稀可较少。

224. 花药 2 室或更多室。

225. 无副萼;多有不育雄蕊;花药 2 室;叶为单叶或掌状分裂

…………………………………………………………………… 梧桐科 Sterculiaceae

225. 有副萼;无不育雄蕊;花药数室;叶为单叶,全缘且具羽状脉

……………………………………………… 木棉科 Bombacaceae(榴莲属 *Durio*)

224. 花药 1 室。

226. 花粉粒表面平滑;叶为掌状复叶

………………………………………… 木棉科 Bombacaceae(木棉属 *Gossampinus*)

226. 花粉粒表面有刺;叶有各种情形 …………………… 锦葵科 Malvaceae

219. 萼片于蕾内呈覆瓦状或旋转状排列,或有时(如大戟科的巴豆属 *Croton*)近于呈镊合状排列。

227. 雌雄同株或稀可异株;果实为蒴果,由 2～4 个各自裂为 2 片的离果所成 …………………………………………………………………… 大戟科 Euphorbiaceae

227. 花常两性,或在猕猴桃科的猕猴桃属 *Actinidia* 中为杂性或雌雄异株;果实为其他情形。

228. 萼片在果实时增大且成翅状;雄蕊具伸长的花药隔

……………………………………………………………… 龙脑香科 Dipterocarpaceae

228. 萼片及雄蕊二者不为上述情形。

229. 雄蕊排列成 2 层,外层 10 个和花瓣对生,内层 5 个和萼片对生

………………………………………… 蒺藜科 Zygophyllaceae(骆驼蓬属 *Peganum*)

229. 雄蕊的排列为其他情形。

230. 食虫的草本植物;叶基生,呈管状,其上再具有小叶片

……………………………………………………………… 瓶子草科 Sarraceniaceae

230. 非食虫植物;叶茎生或基生,但不呈管状。

231. 植物体呈耐寒旱状;叶为全缘单叶。

232. 叶对生或上部者互生;萼片 5 片,互不相等,外面 2 片较小或有时退化,

内面3片较大，成旋转状排列，宿存；花瓣早落 ……………… 半日花科 Cistaceae

232. 叶互生；萼片5片，大小相等；花瓣宿存；在内侧基部各有2个舌状物 ……………………………… 柽柳科 Tamaricaceae(琵琶柴属 *Reaumuria*)

231. 植物体非耐寒旱状；叶常互生；萼片2～5片，彼此相等，呈覆瓦状或稀可呈镊合状排列。

233. 草本或木本植物；花为4出数，或其萼片多为2片且早落。

234. 植物体内含乳汁；无或有极短子房柄；种子有丰富胚乳 …………………………………………………………… 罂粟科 Papaveraceae

234. 植物体内不含乳汁；有细长的子房柄；种子无或有少量胚乳 ………………………………………………………… 白花菜科 Capparidaceae

233. 木本植物；花常为5出数，萼片宿存或脱落。

235. 果实为具5个棱角的蒴果，分成5个骨质各含1个或2个种子的心皮后，再各沿其缝线而2瓣裂开 ………… 蔷薇科 Rosaceae(白鹃梅属 *Exochorda*)

235. 果实不为蒴果，如为蒴果时则为胞背裂开。

236. 蔓生或攀援的灌木；雄蕊互相分离；子房5室或更多室；浆果，常可食 ………………………………………………………… 猕猴桃科 Actinidiaceae

236. 直立乔木或灌木；雄蕊至少在外层者连为单体，或连成3～5束而着生于花瓣的基部；子房3～5室。

237. 花药能转动，以顶端孔裂开；浆果；胚乳颇丰富 ……………………………… 猕猴桃科 Actinidiaceae(水冬哥属 *Saurauia*)

237. 花药能或不能转动，常纵长裂开；果实有各种情形；胚乳通常量微小 ……………………………………………………………… 山茶科 Theaceae

161. 成熟雄蕊10个或较少，如多于10个时，其数并不超过花瓣的2倍。

238. 成熟雄蕊和花瓣同数，且和它对生。

239. 雌蕊3个至多数，离生。

240. 直立草本或亚灌木；花两性，5出数 ……………………………… 蔷薇科 Rosaceae(地蔷薇属 *Chamaerhodos*)

240. 木质或草质藤本；花单性，常为3出数。

241. 叶常为单叶；花小型；核果；心皮3～6个，呈星状排列，各含1个胚珠 ………………………………………………………… 防己科 Menispemaceae

241. 叶为掌状复叶或由3个小叶组成；花中型；浆果；心皮3枚至数枚，轮状或螺旋状排列，各含1个或多数胚珠 …………………… 木通科 Lardizabalaceae

239. 雌蕊1个。

242. 子房2室至数室。

243. 花萼裂齿不明显或微小；以卷须缠绕他物的灌木或草本植物 ………………………………………………………… 葡萄科 Vitaceae

243. 花萼具4～5片裂片；乔木、灌木或草本植物，有时虽也可为缠绕性，但无卷须。

244. 雄蕊连成单体。

245. 叶为单叶；每子房室内含胚珠2～6个（或在可可树亚族 Theobromineae 中为多数）…………………………… 梧桐科 Sterculiaceae

245. 叶为掌状复叶；每子房室内含胚珠多数 ………………………………………… 木棉科 Bombacaeae（吉贝属 *Ceiba*）

244. 雄蕊互相分离，或稀可在其下部连成一管。

246. 叶无托叶；萼片各不相等，呈覆瓦状排列；花瓣不相等，在内层的2片常很小 ……………………………………………………… 清风藤科 Sabiaceae

246. 叶常有托叶；萼片同大，呈镊合状排列；花瓣均大小同形。

247. 叶为单叶………………………………………………… 鼠李科 Rhamnaceae

247. 叶为1～3回羽状复叶 …………… 葡萄科 Vitaceae（火筒树属 *Leea*）

242. 子房1室（在马齿苋科的土人参属 *Talinum* 及铁青树科的铁青树属 *Olax* 中，则子房的下部多少有些成为3室）。

248. 子房下位或半下位。

249. 叶互生，边缘常有锯齿；蒴果 ………………………… 大风子科 Flacourtiaceae（天料木属 *Homalium*）

249. 叶多对生或轮生，全缘；浆果或核果 ………… 桑寄生科 Loranthaceae

248. 子房上位。

250. 花药以舌瓣裂开 ……………………………… 小檗科 Berberidaceae

250. 花药不以舌瓣裂开。

251. 缠绕草本；胚珠1个；叶肥厚，肉质 …………………………………………… 落葵科 Basellaceae（落葵属 *Basella*）

251. 直立草本，或有时为木本；胚珠1个至多数。

252. 雄蕊连成单体；胚珠2个 ……………………………… 梧桐科 Sterculiaceae（蛇婆子属 *Walthenia*）

252. 雄蕊互相分离，胚珠1个至多数。

253. 花瓣6～9片；雌蕊单纯 ………………………… 小檗科 Berberidaceae

253. 花瓣4～8片；雌蕊复合。

254. 常为草本；花萼有 2 个分离萼片。

255. 花瓣 4 片；侧膜胎座 …… 罂粟科 Papaveraceae（角茴香属 *Hypecoum*）

255. 花瓣常 5 片；基底胎座 ………………………… 马齿苋科 Portulacaceae

254. 乔木或灌木，常蔓生；花萼呈倒圆锥形或杯状。

256. 通常雌雄同株；花萼裂片 4～5 片；花瓣呈覆瓦状排列；无不育雄蕊；胚珠有 2 层珠被 ……………………… 紫金牛科 Myrsinaceae（信筒子属 *Embelia*）

256. 花两性；花萼于开花时微小，而具不明显的齿裂；花瓣多为镊合状排列；有不育雄蕊（有时代以密腺）；胚珠无珠被。

257. 花萼与果实增大；子房的下部为 3 室，上部为 1 室，内含 3 个胚珠 ………………………………………… 铁青树科 Olacaceae（铁青树属 *Olax*）

257. 花萼与果实不增大；子房 1 室，内仅含 1 个胚珠 ……………………………………………………… 山柚仔科 Opiliaceae

238. 成熟雄蕊和花瓣不同数，如同数时则雄蕊和它互生。

258. 雌雄异株；雄蕊 8 个，不相同，其中 5 个较长，有伸出花外的花丝，且和花瓣相互生，另 3 个则较短而藏于花内；灌木或灌木状草本；互生或对生单叶；心皮单生；雌花无花被，无梗，贴生于宽圆形的叶状苞片上 ………………………… 漆树科 Anacardiaceae（九子不离母属 *Dobinea*）

258. 花两性或单性，纵为雌雄异株时，其雄花中也无上述情形的雄蕊。

259. 花萼或其筒部和子房多少有些相连合。

260. 每子房室内含胚珠或种子 2 个至多数。

261. 花药以顶端孔裂开；草本或木本植物；叶对生或轮生，大多于叶片基部具 3～9 脉 ……………………………………… 野牡丹科 Melastomaceae

261. 花药纵长裂开。

262. 草本或亚灌木；有时为攀援性。

263. 具卷须的攀援草本；花单性 ……………… 葫芦科 Cucurbitaceae

263. 无卷须的植物；花常两性。

264. 萼片或花萼裂片 2 片；植物体多少肉质而多水分 ……………………… 马齿苋科 Poaulacaceae（马齿苋属 *Portulaca*）

264. 萼片或花萼裂片 4～5 片；植物体常不为肉质。

265. 花萼裂片呈覆瓦状或镊合状排列；花柱 2 个或更多；种子具胚乳 ……………………………………………… 虎耳草科 Saxifragacea

265. 花萼裂片呈镊合状排列；花柱 1 个，具 2～4 裂，或为 1 个呈头状的柱头；种子无胚乳 ……………………………… 柳叶菜科 Onagraceae

262. 乔木或灌木，有时为攀援性。

266. 叶互生。

267. 花数朵至多数成头状花序；常绿乔木；叶革质，全缘或具浅裂 …………………………………………………………… 金缕梅科 Hamamelidaceae

267. 花成总状或圆锥花序。

268. 灌木；叶为掌状分裂，基部具 3～5 脉；子房 1 室，有多数胚珠；浆果 …………………………………… 虎耳草科 Saxifragaceae(茶藨子属 *Ribes*)

268. 乔木或灌木；叶缘有锯齿或细锯齿，有时全缘，具羽状脉；子房 3～5 室，每室内含 2 个至数个胚珠，或在山茉莉属 *Huodendron* 为多数；干燥或木质核果，或蒴果，有时具棱角或有翅 ………………………………… 野茉莉科 Styracaceae

266. 叶常对生(使君子科的榄李树属 *Lumnitzera* 例外，同科的风车子属 *Corabretum* 也可有时为互生，或互生和对生共存于一枝上)

269. 胚珠多数，除冠盖藤属 *Pileostegie* 自子房室顶端垂悬外，均位于侧膜或中轴胎座上；浆果或蒴果；叶缘有锯齿或为全缘，但均无托叶；种子含胚乳 …………………………………………………………… 虎耳草科 Saxifragaceae

269. 胚珠 2 个至数个，近于自房室顶端垂悬；叶全缘或有圆锯齿；果实多不裂开，内有种子 1 至数个。

270. 乔木或灌木，常为蔓生，无托叶，不为形成海岸林的组成分子(榄李树属 *Lumnitzera* 例外)；种子无胚乳，落地后始萌芽 ………… 使君子科 Combretaceae

270. 常绿灌木或小乔木，具托叶；多为形成海岸林的主要组成分子，种子常有胚乳，在落地前即萌芽(胎生) ……………………… 红树科 Rhizophoraceae

260. 每子房室内仅含胚珠或种子 1 个。

271. 果实裂开为 2 个干燥的离果，并共同悬于一果梗上；花序常为伞形花序(在变豆菜属 *Sanicula* 及鸭儿芹属 *Cryptotacnia* 中为不规则的花序，在刺芫荽属 *Eryngium* 中，则为头状花序) ……………………………… 伞形科 Umbelliferae

271. 果实不裂开或裂开而不是上述情形的；花序可为各种型式。

272. 草本植物。

273. 花柱或柱头 2～4 个；种子具胚乳；果实为小坚果或核果，具棱角或有翅 ………………………………………………………… 小二仙草科 Haloragidaceae

273. 花柱 1 个，具有 1 头状或呈 2 裂的柱头；种子无胚乳。

274. 陆生草本植物，具对生叶；花为 2 出数；果实为一具钩状刺毛的坚果 ………………………………… 柳叶菜科 Onagraceae(露珠草属 *Circaea*)

274. 水生草本植物，有聚生而漂浮水面的叶片；花为 4 出数；果实为具 2～4

刺的坚果(栽培种果实可无显著的刺) …………… 菱科 Trapaceae(菱属 *Trapa*)

272. 木本植物。

275. 果实干燥或为蒴果状。

276. 子房 2 室;花柱 2 个 ……………………… 金缕梅科 Hamamelidaceae

276. 子房 1 室;花柱 1 个。

277. 花序伞房状或圆锥状 ………………………… 莲叶桐科 Hemandiaceae

277. 花序头状 ………………… 珙桐科 Nyssaceae(旱莲木属 *Camptotheca*)

275. 果实核果状或浆果状。

278. 叶互生或对生;花瓣呈镊合状排列;花序有各种型式,但稀为伞形或头状,有时且可生于叶片上。

279. 花瓣 3～5 片,卵形至披针形;花药短 …………… 山茱萸科 Cornaceae

279. 花瓣 4～10 片,狭窄形并向外翻转;花药细长

……………………………… 八角枫科 Alangiaceae(八角枫属 *Alangium*)

278. 叶互生;花瓣呈覆瓦状或镊合状排列;花序常为伞形或呈头状。

280. 子房 1 室;花柱 1 个;花杂性兼雌雄异株,雌花单生或以少数朵至数朵聚生,雌花多数,腋生为有花梗的簇丛 …… 珙桐科 Nyssaceae(蓝果树属 *Nyssa*)

280. 子房 2 室或更多室;花柱 2～5 个;如子房为 1 室而具 1 个花柱时(如马蹄参属 *Diplopanax*),则花两性,形成顶生类似穗状的花序…… 五加科 Araliaceae

259. 花萼和子房相分离。

281. 叶片中有透明微点。

282. 花整齐,稀可两侧对称;果实不为荚果 ……………… 芸香科 Rutaceae

282. 花整齐或不整齐;果实为荚果 ……………………… 豆科 Leguminosae

281. 叶片中无透明微点。

283. 雌蕊 2 个或更多,互相分离或仅有局部的连合;也可子房分离而花柱连合成 1 个。

284. 多水分的草本,具肉质的茎及叶 ………………… 景天科 Crassulaceae

284. 植物体为其他情形。

285. 花为周位花。

286. 花的各部分呈螺旋状排列,萼片逐渐变为花瓣;雄蕊 5 或 6 个;雌蕊多数……………………………… 蜡梅科 Calycanthaceae(蜡梅属 *Chimolmnthus*)

286. 花的各部分呈轮状排列,萼片和花瓣甚有分化。

287. 雌蕊 2～4 个,各有多数胚珠;种子有胚乳;无托叶

…………………………………………………… 虎耳草科 Saxifragaceae

287. 雌蕊 2 个至多数,各有 1 个至数个胚珠;种子无胚乳;有或无托叶 ………………………………………………………………… 蔷薇科 Rosaceae

285. 花为下位花,或在悬铃木科中微呈周位。

288. 草本或亚灌木。

289. 各子房的花柱互相分离。

290. 叶常互生或基生,多少有些分裂;花瓣脱落性,较萼片为大,或于天葵属 *Semiaquilegia* 稍小于成花瓣状的萼片 …………………… 毛茛科 Ranunculaceae

290. 叶对生或轮生,为全缘单叶;花瓣宿存性,较萼片小 ………………………………………… 马桑科 Coriariaceae(马桑属 *Coriaria*)

289. 各子房合具 1 个共同的花柱或柱头;叶为羽状复叶;花为 5 出数;花萼宿存;花中有和花瓣互生的腺体;雄蕊 10 个 ……………………… 牻牛儿苗科 Geraniaceae(熏倒牛属 *Biebersteinia*)

288. 乔木;灌木或木本的攀援植物。

291. 叶为单叶。

292. 叶对生或轮生 ………………… 马桑科 Coriariaceae(马桑属 *Coriaria*)

292. 叶互生。

293. 叶为脱落性,具掌状脉;叶柄基部扩张成帽状以覆盖腋芽 ……………………………… 悬铃木科 Platanaceae(悬铃木属 *Platanus*)

293. 叶为常绿性或脱落性,具羽状脉。

294. 雌蕊 7 个至多数(稀可少至 5 个);直立或缠绕性灌木;花两性或单性 ………………………………………………………… 木兰科 Magnoliaceae

294. 雌蕊 4~6 个;乔木或灌木;花两性。

295. 子房 5 或 6 个,以 1 个共同的花柱而连合,各子房均可熟为核果 ……………………………… 金莲木科 Ochnaceae(赛金莲木属 *Ouzatia*)

295. 子房 4~6 个,各具 1 个花柱,仅有 1 室子房可成熟为核果 ……………………………… 漆树科 Anacardiaceae(山檨仔属 *Buchanania*)

291. 叶为复叶。

296. 叶对生 ………………………………………… 省沽油科 Staphyleaceae

296. 叶互生。

297. 木质藤本;叶为掌状复叶或 3 出复叶 ………… 木通科 Lardizabalaceae

297. 乔木或灌木(有时在牛栓藤科中有缠绕性者);叶为羽状复叶。

298. 果实为 1 个含多数种子的浆果,状似猫屎 ……………………………… 木通科 Lardizabalaceae(猫儿屎属 *Decaisnea*)

298. 果实为其他情形。

299. 果实为蓇葖果…………………………………… 牛栓藤科 Connaraceae

299. 果实为离果,或在臭椿属 *Ailanthus* 中为翅果

……………………………………………………… 苦木科 Simaroubaceae

283. 雌蕊 1 个,或至少其子房为 1 室。

300. 雌蕊或子房确是单纯的,仅 1 室。

301. 果实为核果或浆果。

302. 花为 3 出数,稀可 2 出数;花药以舌瓣裂开…………… 樟科 Lauraceae

302. 花为 5 出或 4 出数;花药纵长裂开。

303. 落叶具刺灌木;雄蕊 10 个,周位,均可发育

……………………………… 蔷薇科 Rosaceae(扁核木属 *Prinsepia*)

303. 常绿乔木;雄蕊 1~5 个,下位,常仅其中 1 或 2 个可发育

…………………………… 漆树科 Anacardiaceae(芒果属 *Mangifera*)

301. 果实为蓇葖果或荚果。

304. 果实为蓇葖果。

305. 落叶灌木;叶为单叶;蓇荚果内含 2 个至数个种子

……………………………… 蔷薇科 Rosaceae(绣线菊亚科 Spiraeoideae)

305. 常为木质藤本;叶多为单数复叶或具 3 个小叶;有时因退化而只有 1 个小叶;蓇荚果内仅含 1 个种子 …………………………… 牛栓藤科 Connaraceae

304. 果实为荚果 ………………………………………… 豆科 Leguminosae

300. 雌蕊或子房并非单纯者,有 1 个以上的子房室或花柱、柱头、胎座等部分。

306. 子房 1 室或因有 1 个假隔膜的发育而成 2 室,有时下部 2~5 室,上部 1 室。

307. 花下位,花瓣 4 片,稀可更多。

308. 萼片 2 片 ………………………………………… 罂粟科 Papaveraceae

308. 萼片 4~8 片。

309. 子房柄常细长,呈线状 ……………………… 白花菜科 Capparidaceae

309. 子房柄极短或不存在。

310. 子房为 2 枚心皮连合组成,常具 2 个子房室及 1 个假隔膜

……………………………………………………… 十字花科 Cruciferae

310. 子房 3~6 枚心皮连合组成,仅 1 个子房室。

311. 叶对生,微小,为耐寒旱性;花为辐射对称;花瓣完整,具瓣爪,其内侧有

舌状的鳞片附属物………………瓣鳞花科 Frankeniaceae(瓣鳞花属 *Frankenia*)

311. 叶互生,显著,非为耐寒旱性;花为两侧对称;花瓣常分裂,但其内侧并无鳞片状的附属物 ……………………………………… 木犀草科 Resedaceae

307. 花周位或下位,花瓣 3~5 片,稀可 2 片或更多。

312. 每子房室内仅有胚珠 1 个。

313. 乔木,或稀为灌木;叶常为羽状复叶。

314. 叶常为羽状复叶,具托叶及小托叶

……………………………… 省沽油科 Staphyleaceae(银鹊树属 *Tapiscia*)

314. 叶为羽状复叶或单叶,无托叶及小托叶 ……… 漆树科 Anacardiaceae

313. 木本或草本;叶为单叶。

315. 通常均为木本,稀可在樟科的无根藤属 *Cassytha* 则为缠绕性寄生草本;叶常互生,无膜质托叶。

316. 乔木或灌木;无托叶;花为 3 出或 2 出数,萼片和花瓣同形,稀可花瓣较大;花药以舌瓣裂开;浆果或核果 ……………………………… 樟科 Lauraceae

316. 蔓生性的灌木,茎为合轴型,具钩状的分枝;托叶小而早落;花为 5 出数,萼片和花瓣不同形,前者且于结实时增大成翅状;花药纵长裂开;坚果

…………………… 钩枝藤科 Ancistrocladaceae(钩枝藤属 *Ancistrocladus*)

315. 草本或亚灌木;叶互生或对生,具膜质托叶 ……… 蓼科 Polygonaceae

312. 每子房室内有胚珠 2 个至多数。

317. 乔木、灌木或木质藤本。

318. 花瓣及雄蕊均着生于花萼上 …………………… 千屈菜科 Lythraceae

318. 花瓣及雄蕊均着生于花托上(或于西番莲科中雄蕊着生于子房柄上)。

319. 核果或翅果,仅有 1 个种子。

320. 花萼具显著的 4 或 5 片裂片或裂齿,微小而不能长大

……………………………………………………… 茶茱萸科 Icacinaceae

320. 花萼呈截平头或具不明显的萼齿,微小,但能在果实上增大

………………………………………… 铁青树科 Olacaceae(铁青树属 *Olax*)

319. 蒴果或浆果,内有 2 个至多数种子。

321. 花两侧对称。

322. 叶为 2~3 回羽状复叶;雄蕊 5 个

……………………………………… 辣木科 Moringaceae(辣木属 *Moringa*)

322. 叶为全缘的单叶;雄蕊 8 个 …………………… 远志科 Polygalaceae

321. 花辐射对称;叶为单叶或掌状分裂。

323. 花瓣具有直立而常彼此衔接的瓣爪
……………………………… 海桐花科 Pittosporaceae(海桐花属 *Pittosrum*)
323. 花瓣不具细长的瓣爪。
324. 植物体为耐寒旱性,有鳞片状或细长形的叶片;花无小片
……………………………………………………………… 柽柳科 Tamaricaceae
324. 植物体非耐寒旱性,具有较宽大的叶片。
325. 花两性。
326. 花萼和花瓣不甚分化,且前者较大
……………………… 大风子科 Flacourtiaceae(红子木属 *Erythrospemmm*)
326. 花萼和花瓣很有分化,前者很小
…………………………………………… 堇菜科 Violaceae(雷诺木属 *Rinorea*)
325. 雌雄异株或花杂性。
327. 乔木;花的每一花瓣基部各具位于内方的一鳞片;无子房柄
………………………… 大风子科 Flacourtiaceae(大风子属 *Hydnocarpus*)
327. 多为具卷须而攀援的灌木;花常具一为5鳞片所成的副冠,各鳞片和萼片相对生;有子房柄 ………………… 西番莲科 Passifloraceae(蒴莲属 *Adenia*)
317. 草本或亚灌木。
328. 胎座位于子房室的中央或基底。
329. 花瓣着生于花萼的喉部 ……………………………… 千屈菜科 Lythraceae
329. 花瓣着生于花托上。
330. 萼片2片;叶互生,稀可对生 ………………… 马齿苋科 Portulacaceae
330. 萼片5或4片;叶对生……………………………… 石竹科 Caryophyllaceae
328. 胎座为侧膜胎座。
331. 食虫植物,具生有腺体刚毛的叶片 …………… 茅膏菜科 Droseraceae
331. 非食虫植物,也无生有腺体毛茸的叶片。
332. 花两侧对称。
333. 花有一位于前方的囊状物;蒴果3瓣裂开 ………… 堇菜科 Violaceae
333. 花有一位于后方的大型花盘;蒴果仅于顶端裂开
……………………………………………………………… 木犀草科 Resedaceae
332. 花整齐或近于整齐。
334. 植物体为耐寒旱性;花瓣内侧各有1片舌状的鳞片
……………………………… 瓣鳞花科 Frankeniaceae(瓣鳞花属 *Frankenia*)
334. 植物体非耐寒旱性;花瓣内侧无鳞片的舌状附属物。

335. 花中有副冠及子房柄

………………………… 西番莲科 Passifioraceae(西番莲属 *Passifiora*)

335. 花中无副冠及子房柄 ………………………… 虎耳草科 Saxifragaceae

306. 子房 2 室或更多室。

336. 花瓣形状彼此极不相等。

337. 每个子房室内有数个至多数胚珠。

338. 子房 2 室 ……………………………………… 虎耳草科 Saxifragaceae

338. 子房 5 室 ……………………………………… 凤仙花科 Balsaminaceae

337. 每个子房室内仅有 1 个胚珠。

339. 子房 3 室;雄蕊离生;叶盾状,叶缘具棱角或波纹

………………………… 金莲科 Tropaeolaceae(旱金莲属 *Tropaeolum*)

339. 子房 2 室(稀可 1 或 3 室);雄蕊连合为一单体;叶不呈盾状,全缘

……………………………………………………… 远志科 Polygalaceae

336. 花瓣形状彼此相等或微有不等,且有时花也可为两侧对称。

340. 雄蕊数和花瓣数既不相等,也不是它的倍数。

341. 叶对生。

342. 雄蕊 4～10 个,常为 8 个。

343. 蒴果 …………………………………… 七叶树科 Hippocastanaceae

243. 翅果……………………………………………… 槭树科 Aceraceae

342. 雄蕊 4 或 5 个,稀可 2 或 3 个。

344. 萼片及花瓣均为 5 出数;雄蕊多为 3 个 … 翅子藤科 Hippocrateaceae

344. 萼片及花瓣常均为 4 出数;雄蕊 2 个,稀可 3 个 …… 木犀科 Oleaceae

341. 叶互生。

345. 叶为单叶,多全缘,或在油桐属 *Vernicia* 中可具 3～7 片裂片;花单性

……………………………………………………… 大戟科 Euphorbiaceae

345. 叶为单叶或复叶;花两性或杂性。

346. 萼片为镊合状排列;雄蕊连成单体 ……………… 梧桐科 Sterculiaceae

346. 萼片为覆瓦状排列;雄蕊离生。

347. 子房 4 或 5 室,每个子房室内有 8～12 个胚珠;种子具翅

………………………………… 楝科 Meliaceae(香椿属 *Toona*)

347. 子房常 3 室,每个子房室内有 1 个至数个胚珠;种子无翅。

348. 花小型或中型,下位,萼片互相分离或微有连合

……………………………………………… 无患子科 Sapindaceae

348. 花大型，美丽，周位，萼片互相连合成一钟形的花萼

…………………… 钟萼木科 Bretschneideraceae（钟萼木属 *Bretschneidera*）

340. 雄蕊数和花瓣数相等，或是它的倍数。

349. 每个子房室内有胚珠或种子 3 个至多数。

350. 叶为复叶。

351. 雄蕊连合成为单体 ………………………………… 酢浆草科 Oxalidaceae

351. 雄蕊彼此相互分离。

352. 叶互生。

353. 叶为 2～3 回的 3 出叶，或为掌状叶

………………………… 虎耳草科 Saxifragaceae（落新妇亚族 Astilbinae）

353. 叶为 1 回羽状复叶 …………………… 楝科 Meliaceae（香椿属 *Toona*）

352. 叶对生。

354. 叶为双数羽状复叶 ………………………………… 蒺藜科 Zygophyllaceae

354. 叶为单数羽状复叶 ………………………………… 省沽油科 Staphyleaceae

350. 叶为单叶。

355. 草本或亚灌木。

356. 花周位；花托多少有些中空。

357. 雄蕊着生于杯状花托的边缘 ………………… 虎耳草科 Saxifragaceae

357. 雄蕊着生于杯状或管状花萼（或即花托）的内侧

……………………………………………………………… 千屈菜科 Lythraceae

356. 花下位；花托常扁平。

358. 叶对生或轮生，常全缘。

359. 水生或沼泽草本，有时（如田繁缕属 *Bergia*）为亚灌木；有托叶

……………………………………………………………… 沟繁缕科 Elatinaceae

359. 陆生草本；无托叶………………………………… 石竹科 Caryophyllaceae

358. 叶互生或基生；稀可对生，边缘有锯齿，或叶退化为无绿色组织的鳞片。

360. 草本或亚灌木：有托叶；萼片呈镊合状排列，脱落性

………………… 椴树科 Tiliaceae（黄麻属 *Corchorus*，田麻属 *Corchoropsis*）

360. 多年生常绿草本，或为死物寄生植物而无绿色组织；无托叶；萼片呈覆瓦状排列，宿存性 ……………………………………………… 鹿蹄草科 Pyrolaceae

355. 木本植物。

361. 花瓣常有彼此衔接或其边缘互相依附的柄状瓣爪

………………………… 海桐花科 Pittosporaceae（海桐花属 *Pittoporum*）

361. 花瓣无瓣爪，或仅具互相分离的细长柄状瓣爪。
362. 花托空凹；萼片呈镊合状或覆瓦状排列。
363. 叶互生，边缘有锯齿，常绿性 …… 虎耳草科 Saxifragaceae(鼠刺属 *ltea*)
363. 叶对生或互生，全缘，脱落性。
364. 子房 2～6 室，仅具 1 个花柱；胚珠多数，着生于中轴胎座上
…………………………………………………………………… 千屈菜科 Lythraceae
364. 子房 2 室，具 2 个花柱；胚珠数个，垂悬于中轴胎座上
………………………… 金缕梅科 Hamamelidaceae(双花木属 *Disanthus*)
362. 花托扁平或微凸起；萼片呈覆瓦状或于杜英科中呈镊合状排列。
365. 花为 4 出数；果实呈浆果状或核果状；花药纵长裂开或顶端舌瓣裂开。
366. 穗状花序腋生于当年新枝上；花瓣先端具齿裂
……………………………… 杜英科 Elaeocarpaceae(杜英属 *Elaeocarpus*)
366. 穗状花序腋生于昔年老枝上；花瓣完整
……………………………… 旌节花科 Stachyuraceae(旌节花属 *Stachyurus*)
365. 花为 5 出数；果实呈蒴果状；花药顶端孔裂。
367. 花粉粒单纯；子房 3 室 ………… 山柳科 Clethraceae(山柳属 *Clethra*)
367. 花粉粒复合，成为四合体；子房 5 室 ………………… 鹃花科 Ericaceae
349. 每个子房室内有胚珠或种子 1 或 2 个。
368. 草本植物，有时基部呈灌木状。
369. 花单性、杂性，或雌雄异株。
370. 具卷须的藤本；叶为二回三出复叶
………………………… 无患子科 Sapindaceae(倒地铃属 *Cardiospermun*)
370. 直立草本或亚灌木；叶为单叶 ………………… 大戟科 Euphorbiaceae
369. 花两性。
371. 萼片呈镊合状排列；果实有刺
………………………………………… 椴树科 Tiliaceae(刺蒴麻属 *Triumfetta*)
371. 萼片呈覆瓦状排列；果实无刺。
372. 雄蕊彼此分离；花柱互相连合 ……………… 牻牛儿苗科 Geraniaceae
372. 雄蕊互相连合；花柱彼此分离 ………………………… 亚麻科 Linaceae
368. 木本植物。
373. 叶肉质，通常仅为 1 对小叶所组成的复叶 …… 蒺藜科 Zygophyllaceae
373. 叶为其他情形。
374. 叶对生；果实为 1，2 或 3 个翅果所组成。

375. 花瓣细裂或具齿裂；每果实有3个翅果
……………………………………………………… 金虎尾科 Malpighiaceae

375. 花瓣全缘；每果实具2个或连合为1个的翅果 …… 槭树科 Aceraceae

374. 叶互生，如为对生时，则果实不为翅果。

376. 叶为复叶，或稀可为单叶而有具翅的果实。

377. 雄蕊连为单体。

378. 萼片及花瓣均为3出数；花药6个，花丝生于雄蕊管的口部
…………………………………………………………… 橄榄科 Burseraceae

378. 萼片及花瓣均为4出至6出数；花药8～12个，无花丝，直接着生于雄蕊管的喉部或裂齿之间 …………………………………………………… 楝科 Meliaceae

377. 雄蕊各自分离。

379. 叶为单叶；果实为一具3翅而其内仅有1个种子的小坚果
…………………………… 卫矛科 Celastraceae（雷公藤属 *Tripterygium*）

379. 叶为复叶；果实无翅。

380. 花柱3～5个；叶常互生，脱落性 ……………… 漆树科 Anacardiaceae

380. 花柱1个；叶互生或对生。

381. 叶为羽状复叶，互生，常绿性或脱落性；果实有各种类型
………………………………………………………… 无患子科 Sapindaceae

381. 掌状复叶，对生，脱落性；果实为蒴果 …… 七叶树科 Hippocastanaceae

376. 叶为单叶；果实无翅。

382. 雄蕊连成单体，或如为2轮时，至少其内轮者如此，有时其花药无花丝（如大戟科的三宝木属 *Trigonastemon*）。

383. 花单性；萼片或花萼裂片2～6片，呈镊合状或覆瓦状排列
………………………………………………………… 大戟科 Euphorbiaceae

383. 花两性；萼片5片，呈覆瓦状排列。

384. 果实呈蒴果状；子房3～5室，各室均可成熟………… 亚麻科 Linaceae

384. 果实呈核果状；子房3室，其中的2室大都为不孕性，仅另1室可成熟，而有1或2个胚珠 …………… 古柯科 Erythroxylaceae（古柯属 *Erythroxylum*）

382. 雄蕊各自分离，有时在毒鼠子科中可和花瓣相连合而形成一管状物。

385. 果呈蒴果状。

386. 叶互生或稀可对生；花下位。

387. 叶脱落性或常绿性；花单性或两性；子房3室，稀可2或4室，有时可多至15室（如算盘子属 *Glochidion*）……………………… 大戟科 Euphorbiaceae

387. 叶常绿性;花两性;子房5室
………………………… 五列木科 Pentaphylaceae(五列木属 *Pentaphylax*)

386. 叶对生或互生;花周位 ………………………… 卫矛科 Celastraceae

385. 果呈核果状,有时木质化,或呈浆果状。

388. 种子无胚乳,胚体肥大而多肉质。

389. 雄蕊10个 ………………………… 蒺藜科 Zygophyllaceae

389. 雄蕊4或5个。

390. 叶互生;花瓣5片,各2裂或成两部分
………………………… 毒鼠子科 Dichapetalaceae(毒鼠子属 *Dichapetahan*)

390. 叶对生;花瓣4片,均完整
………………………… 刺茉莉科 Salvadoraceae(刺茉莉属 *Azima*)

388. 种子有胚乳,胚体有时很小。

391. 植物体为耐寒旱性;花单性,3出或2出数
………………………… 岩高兰科 Empetraceae(岩高兰属 *Empetrum*)

391. 植物体为普通形状;花两性或单性,5出或4出数。

392. 花瓣呈镊合状排列。

393. 雄蕊和花瓣同数 ………………………… 茶茱萸科 Icacinaceae

393. 雄蕊为花瓣的倍数。

394. 枝条无刺,而有对生的叶片
………………………… 红树科 Rhizophoraceae(红树族 Gynotrocheae)

394. 枝条有刺,而有互生的叶片 … 铁青树科 Olacaceae(海檀木属 *Ximenia*)

392. 花瓣呈覆瓦状排列,或在大戟科的小束花属 *Microdesmis* 中扭转为兼覆瓦状排列。

395. 花单性,雌雄异株;花瓣较小于萼片
………………………… 大戟科 Euphorbiaceae(小盘木属 *Microdesmis*)

395. 花两性或单性;花瓣常较大于萼片。

396. 落叶攀援灌木;雄蕊10个;子房5室,每室内有胚珠2个
………………………… 猕猴桃科 Actinidiaceae(藤山柳属 *Clematoclethra*)

396. 多为常绿乔木或灌木;雄蕊4或5个。

397. 花下位,雌雄异株或杂性,无花盘
………………………… 冬青科 Aquifoliaceae(冬青属 *Ilex*)

397. 花周位,两性或杂性;有花盘
………………………… 卫矛科 Celastraceae(异卫矛亚科 Cassinioideae)

160. 花冠为多少有些连合的花瓣所组成。

398. 成熟雄蕊或单体雄蕊的花药数多于花冠裂片。

399. 心皮 1 枚至数枚，互相分离或大致分离。

400. 叶为单叶或有时可为羽状分裂，对生，肉质 …… 景天科 Crassulaceae

400. 叶为二回羽状复叶，互生，不呈肉质

…………………………… 豆科 Leguminosae(含羞草亚科 Mimosoideae)

399. 心皮 2 枚或更多，连合成一复合性子房。

401. 雌雄同株或异株，有时为杂性。

402. 子房 1 室；5 分枝而呈棕榈状的小乔木

………………………………… 番木瓜科 Caricaceae(番木瓜属 *Carica*)

402. 子房 2 室至多室；具分枝的乔木或灌木。

403. 雄蕊连成单体，或至少内层者如此；蒴果

……………………………… 大戟科 Euphorbiaceae(麻疯树科 Jatropha)

403. 雄蕊各自分离；浆果 ………………………………… 柿树科 Ebenaceae

401. 花两性。

404. 花瓣连成一盖状物，或花萼裂片及花瓣均可合成为 1 或 2 层的盖状物。

405. 叶为单叶，具有透明微点 ……………………… 桃金娘科 Myrtaceae

405. 叶为掌状复叶，无透明微点

……………………………… 五加科 Araliaceae(多蕊木属 *Tupidanthus*)

404. 花瓣及花萼裂片均不连成盖状物。

406. 每子房室中有 3 个至多数胚珠。

407. 雄蕊 5～10 个或其数不超过花冠裂片的 2 倍，稀可在野茉莉科的银钟花属 *Halesia* 中其数可达 16 个，为花冠裂片的 4 倍。

408. 雄蕊连成单体或其花丝于基部互相连合；花药纵裂；花粉粒单生。

409. 叶为复叶；子房上位；花柱 5 个 ……………… 酢浆草科 Oxalidaceae

409. 叶为单叶；子房下位或半下位；花柱 1 个；乔木或灌木，常有星状毛

…………………………………………………… 野茉莉科 Styracaceae

408. 雄蕊各自分离；花药顶端孔裂；花粉粒为四合型

…………………………………………………… 杜鹃花科 Ericaceae

407. 雄蕊为不定数。

410. 萼片和花瓣常各为多数，而无显著的区分；子房下位；植物体肉质；绿色，常具棘针，而其叶退化 …………………………… 仙人掌科 Cactaceae

410. 萼片和花瓣常各为 5 片，有显著的区分；子房上位。

411. 萼片呈镊合状排列；雄蕊连成单体 …………………… 锦葵科 Malvaceae
411. 萼片呈显著的覆瓦状排列。
412. 雄蕊连成 5 束，且每束着生于一花瓣的基部；花药顶端孔裂开；浆果 ………………………………… 猕猴桃科 Actinidiaceae(水冬哥属 *Saurauia*)
412. 雄蕊的基部连成单体；花药纵长裂开；蒴果 ………………………………… 山茶科 Theaceae(紫茎木属 *Stewartia*)
406. 每个子房室中常仅有 1 或 2 个胚珠。
413. 花萼中的 2 片或更多片于结实时能长大成翅 ……………………………………………… 龙脑香科 Dipterocarpaceae
413. 花萼裂片无上述变大的情形。
414. 植物体常有星状毛茸 ……………………………… 野茉莉科 Styracaceae
414. 植物体无星状毛茸。
415. 子房下位或半下位；果实歪斜 ………………………………… 山矾科 Symplocaceae(山矾属 *Symplocos*)
415. 子房上位。
416. 雄蕊相互连合为单体；果实成熟时分裂为离果 ………………………………………………………… 锦葵科 Malvaceae
416. 雄蕊各自分离；果实不是离果。
417. 子房 1 或 2 室；蒴果……… 瑞香科 Thymelaeaceae(沉香属 *Aquilaria*)
417. 子房 6～8 室；浆果 ………… 山榄科 Sapotaceae(紫荆木属 *Madhuca*)
398. 成熟雄蕊并不多于花冠裂片，或有时因花丝的分裂则可过之。
418. 雄蕊和花冠裂片为同数且对生。
419. 植物体内有乳汁 ………………………………… 山榄科 Sapotaceae
419. 植物体内不含乳汁。
420. 果实内有数个至多数种子。
421. 乔木或灌木；果实呈浆果状或核果状 ………… 紫金牛科 Myrsinaceae
421. 草本；果实呈蒴果状 ……………………………… 报春花科 Primulaceae
420. 果实内仅有 1 个种子。
422. 子房下位或半下位。
423. 乔木或攀援性灌木；叶互生 ……………………… 铁青树科 Olacaceae
423. 常为半寄生性灌木；叶对生 ………………… 桑寄生科 Loranthaceae
422. 子房上位。
424. 花两性。

425. 攀援性草本；萼片2片；果为肉质宿存花萼所包围

…………………………………………… 落葵科 Basellaceae(落葵属 *Basella*)

425. 直立草本或亚灌木，有时为攀援性；萼片或萼裂片5片；果为蒴果或瘦果，不为花萼所包围 ………………………………… 蓝雪科 Plumbaginaceae

424. 花单性，雌雄异株；攀援性灌木。

426. 雄蕊连合成；单体；雌蕊单纯性

……………………… 防己科 Menispermaceae(锡生藤亚族 Cissampelinae)

426. 雄蕊各自分离；雌蕊复合性 … 茶茱萸科 Icacinaceae(微花藤属 *Iodes*)

418. 雄蕊和花冠裂片为同数且互生，或雄蕊数较花冠裂片为少。

427. 子房下位。

428. 植物体常以卷须而攀援或蔓生；胚珠及种子皆为水平生长于侧膜胎座上 ……………………………………………………… 葫芦科 Cucurbitaceae

428. 植物体直立，如为攀援时也无卷须；胚珠及种子并不为水平生长。

429. 雄蕊互相连合。

430. 花整齐或两侧对称，成头状花序，或在苍耳属 *Xanthium* 中，雌花序为一仅含2花的果壳，其外生有钩状刺毛；子房1室，内仅有1个胚珠

……………………………………………………………… 菊科 Compositae

430. 花多两侧对称，单生或成总状或伞房花序；子房2或3室，内有多数胚珠。

431. 花冠裂片呈镊合状排列；雄蕊5个，具分离的花丝及连合的花药

………………………… 桔梗科 Campanulaceae(半边莲亚科 Lobelioideae)

431. 花冠裂片呈覆瓦状排列；雄蕊2个，具连合的花丝及分离的花药

……………………………… 花柱草科 Stylidiaceae(花柱草属 *Stylidium*)

429. 雄蕊各自分离。

432. 雄蕊和花冠相分离或近于分离。

433. 花药顶端孔裂开；花粉粒连合成四合体；灌木或亚灌木

………………………… 杜鹃花科 Ericaceae(乌饭树亚科 Vaccinioideae)

433. 花药纵长裂开，花粉粒单纯；多为草本。

434. 花冠整齐；子房2～5室，内有多数胚珠 ……… 桔梗科 Campanulaceae

434. 花冠不整齐；子房1～2室，每子房室内仅有1～2个胚珠

……………………………………………………… 草海桐科 Goodeniaceae

432. 雄蕊着生于花冠上。

435. 雄蕊4或5个，和花冠裂片同数。

436. 叶互生;每子房室内有多数胚珠 ……………… 桔梗科 Campanulaceae
436. 叶对生或轮生;每子房室内有1个至多数胚珠。
437. 叶轮生,如为对生时,则有托叶存在……………… 茜草科 Rubiaceae
437. 叶对生,无托叶或稀可有明显的托叶。
438. 花序多为聚伞花序 ……………………………… 忍冬科 Caprifoliaceae
438. 花序为头状花序 ………………………………… 川续断科 Dipsacaceae
435. 雄蕊1~4个,其数较花冠裂片为少。
439. 子房1室。
440. 胚珠多数,生于侧膜胎座上 ……………………… 苦苣苔科 Gesneriaceae
440. 胚珠1个,垂悬于子房的顶端 ……………… 川续断科 Dipsacaceae
439. 子房2室或更多室,具中轴胎座。
441. 子房2~4室,所有的子房室均可成熟;水生草本
…………………………………… 胡麻科 Pedaliaceae(茶菱属 *Trapella*)
441. 子房3或4室,仅其中1或2室可成熟。
442. 落叶或常绿的灌木;叶片常全缘或边缘有锯齿
…………………………………………………… 忍冬科 Caprifoliaceae
442. 陆生草本;叶片常有很多的分裂 ……………… 败酱科 *Valerianaceae*
427. 子房上位。
443. 子房深裂为2~4部分;花柱或数花柱均自子房裂片之间伸出。
444. 花冠两侧对称或稀可整齐;叶对生 ………………… 唇形科 Labiatae
444. 花冠整齐;叶互生。
445. 花柱2个;多年生匍匐性小草本;叶片呈圆肾形
…………………………… 旋花科 Convolvulaceae(马蹄金属 *Dichondra*)
445. 花柱1个 ………………………………………… 紫草科 Boraginaceae
443. 子房完整或微有分割,或为2枚分离的心皮所组成;花柱自子房的顶端伸出。
446. 雄蕊的花丝分裂。
447. 雄蕊2个,各分为3裂
……………………………… 罂粟科 Papaveraceae(紫堇亚科 Fumarioideae)
447. 雄蕊5个,各分为2裂……… 五福花科 Adoxaceae(五福花属 *Adoxa*)
446. 雄蕊的花丝单纯。
448. 花冠不整齐,常多少有些呈二唇状。
449. 成熟雄蕊5个。

450. 雄蕊和花冠离生 ………………………………………… 杜鹃花科 Ericaceae

450. 雄蕊着生于花冠上 ………………………………… 紫草科 Boraginaceae

449. 成熟雄蕊 2 或 4 个，退化雄蕊有时也可存在。

451. 每子房室内仅含 1 或 2 个胚珠（如为后一情形时，也可在次 451 项检索）。

452. 叶对生或轮生；雄蕊 4 个，稀可 2 个；胚珠直立，稀可垂悬。

453. 子房 2～4 室，共有 2 个或更多的胚珠 ……… 马鞭草科 Verbenaceae

453. 子房 1 室，仅含 1 个胚珠

……………………………… 透骨草科 Phrymataceae（透骨草属 *Phryma*）

452. 叶互生或基生；雄蕊 2 或 4 个，胚珠垂悬；子房 2 室，每子房室内仅有 1 个胚珠 …………………………………………………… 玄参科 Scrophulariaceae

451. 每子房室内有 2 个至多数胚珠。

454. 子房 1 室，具侧膜胎座或中央胎座（有时可因侧膜胎座的深入而为 2 室）。

455. 草本或木本植物，不为寄生性，也非食虫性。

456. 多为乔木或木质藤本；叶为单叶或复叶，对生或轮生，稀可互生，种子有翅，但无胚乳 …………………………………………………… 紫葳科 Bignoniaceae

456. 多为草本；叶为单叶，基生或对生；种子无翅，有或无胚乳

………………………………………………………………… 苦苣苔科 Gesneriaceae

455. 草本植物，为寄生性或食虫性。

457. 植物体寄生于其他植物的根部，而无绿叶存在；雄蕊 4 个；侧膜胎座

………………………………………………………………… 列当科 Orobanchaceae

457. 植物体为食虫性，有绿叶存在；雄蕊 2 个；特立中央胎座；多为水生或沼泽植物，且有具距的花冠 …………………………… 狸藻科 Lentibulariaceae

454. 子房 2～4 室，具中轴胎座，或于角胡麻科中为子房 1 室而具侧膜胎座。

458. 植物体常具分泌黏液的腺体毛茸；种子无胚乳或具一薄层胚乳。

459. 子房最后成为 4 室；蒴果的果皮质薄而不延伸为长喙；油料植物

………………………………………… 胡麻科 Pedaliaceae（胡麻属 *Sesamum*）

459. 子房 1 室，蒴果的内皮坚硬而呈木质，延伸为钩状长喙；栽培花卉

……………………………… 角胡麻科 Martyniaceae（角胡麻属 *Proboscidea*）

458. 植物体不具上述的毛茸；子房 2 室。

460. 叶对生；种子无胚乳，位于胎座的钩状突起上…… 爵床科 Acanthaceae

460. 叶互生或对生；种子有胚乳，位于中轴胎座上。

461. 花冠裂片具深缺刻；成熟雄蕊 2 个
………………………………… 茄科 Solanaceae（蝴蝶花属 *Schizanthus*）

461. 花冠裂片全缘或仅其先端具一凹陷；成熟雄蕊 2 或 4 个
…………………………………………………… 玄参科 Scrophulariaceae

448. 花冠整齐，或近于整齐。

462. 雄蕊数较花冠裂片为少。

463. 子房 2～4 室，每室内仅含 1 或 2 个胚珠。

464. 雄蕊 2 个 …………………………………………………… 木犀科 Oleaceae

464. 雄蕊 4 个。

465. 叶互生，有透明腺体微点存在 …………………… 苦槛蓝科 Myoporaceae

465. 叶对生，无透明微点 ……………………………… 马鞭草科 Verbenaceae

463. 子房 1 或 2 室，每室内有数个至多数胚珠。

466. 雄蕊 2 个；每子房室内有 4～10 个胚珠垂悬于室的顶端
…………………………………… 木犀科 Oleaceae（连翘属 *Forsythia*）

466. 雄蕊 4 或 2 个；每子房室内有多数胚珠着生于中轴或侧膜胎座上。

467. 子房 1 室，内具分歧的侧膜胎座，或因胎座深入而使子房成 2 室
…………………………………………………… 苦苣苔科 Gesneriaceae

467. 子房为完全的 2 室，内具中轴胎座。

468. 花冠于蕾中常折叠；子房 2 枚心皮的位置偏斜 ……… 茄科 Solanaceae

468. 花冠于蕾中不折叠，而呈覆瓦状排列；子房的 2 枚心皮位于前后方
…………………………………………………… 玄参科 Scrophulariaceae

462. 雄蕊和花冠裂片同数。

469. 子房 2 个，或为 1 个而成熟后呈双角状。

470. 雄蕊各自分离；花粉粒也彼此分离 …………… 夹竹桃科 Apocynaceae

470. 雄蕊互相连合；花粉粒连成花粉块 …………… 萝藦科 Asclepiadaceae

469. 子房 1 个，不呈双角状。

471. 子房 1 室或因 2 侧膜胎座的深入而成 2 室。

472. 子房为 1 枚心皮所成。

473. 花显著，呈漏斗形而簇生；果实为 1 个瘦果，有棱或有翅
……………………………… 紫茉莉科 Nyctaginaceae（紫茉莉属 *Mirabilis*）

473. 花小型而形成球形的头状花序；果实为 1 个荚果，成熟后则裂为仅含 1 种子的节荚 ……………………………… 豆科 Leguminosae（含羞草属 *Mimosa*）

472. 子房为 2 枚以上连合心皮所成。

474. 乔木或攀援性灌木，稀可为一攀援性草木，而体内具有乳汁（如心翼果属 *Cardiopteris*）；果实呈核果状（但心翼果属则为干燥的翅果），内有 1 个种子 ………………………………………………………… 茶茱萸科 Icacinaceae

474. 草本或亚灌木，或于旋花科的麻辣仔藤属 *Erycibe* 中为攀援灌木；果实呈蒴果状（或于麻辣仔藤属中呈浆果状），内有 2 个或更多的种子。

475. 花冠裂片呈覆瓦状排列。

476. 叶茎生，羽状分裂或为羽状复叶（限于我国植物如此）

………………………… 田基麻科 Hydrophyllaceae（水叶族 Hydrophlleae）

476. 叶基生，单叶，边缘具齿裂

………… 苦苣苔科 Gesnenaceae（苦苣苔属 *Conandron*，黔苣苔属 *Tengia*）

475. 花冠裂片常呈旋转状或内折的镊合状排列。

477. 攀援性灌木；果实呈浆果状，内有少数种子

……………………………… 旋花科 Convolvulaceae（麻辣仔藤属 *Erycibe*）

477. 直立陆生或漂浮水面的草本；果实呈蒴果状，内有少数至多数种子

………………………………………………………… 龙胆科 Gentianaceae

471. 子房 2～10 室。

478. 无绿叶而为缠绕性的寄生植物

………………………… 旋花科 Convolvulaceae（菟丝子亚科 Cuscutoideae）

478. 非上述无叶寄生植物。

479. 叶常对生，在两叶之间有托叶所成的连接线或附属物

…………………………………………………………… 马钱科 Loganiaceae

479. 叶常互生，或有时基生，如为对生时，其两叶之间也无托叶所成的连系物，有时其叶也可轮生。

480. 雄蕊和花冠离生或近于离生。

481. 灌木或亚灌木；花药顶端孔裂；花粉粒为四合体；子房常 5 室

………………………………………………………… 杜鹃花科 Ericaceae

481. 一年或多年生草本，常为缠绕性；花药纵长裂开；花粉粒单纯；子房常 3～5 室 ……………………………………………… 桔梗科 Campanulaceae

480. 雄蕊着生于花冠的筒部。

482. 雄蕊 4 个，稀可在冬青科为 5 个或更多。

483. 无主茎的草本，具由少数至多数花朵所形成的穗状花序生于一基生花葶上 ……………………………… 车前科 Plantaginaceae（车前属 *Plantago*）

483. 乔木、灌木，或具有主茎的草木。

484. 叶互生，多常绿 …………………… 冬青科 Aquifoliaceae(冬青属 *Ilex*)

484. 叶对生或轮生。

485. 子房 2 室，每室内有多数胚珠 ………………… 玄参科 Scrophlanaceae

485. 子房 2 室至多室，每室内有 1 或 2 个胚珠 …… 马鞭草科 Verbenaceae

482. 雄蕊常 5 个，稀可更多。

486. 每子房室内仅有 1 或 2 个胚珠。

487. 子房 2 或 3 室；胚珠自子房室近顶端垂悬；木本植物；叶全缘。

488. 每花瓣 2 裂或 2 分；花柱 1 个；子房无柄，2 或 3 室，每室内各有 2 个胚珠；核果；有托叶 ………… 毒鼠子科 Dichapetalaceae(毒鼠子属 *Dichapetalum*)

488. 每花瓣均完整；花柱 2 个；子房具柄，2 室，每室内仅有 1 个胚珠；翅果；无托叶 ……………………………………………………… 茶茱萸科 Icacinaceae

487. 子房 1～4 室；胚珠在子房室基底或中轴的基部直立或上举；无托叶；花柱 1 个，稀可 2 个，有时在紫草料的破布木属 *Cordia* 中其先端可成两次的 2 分。

489. 果实为核果；花冠有明显的裂片，并在蕾中呈覆瓦状或旋转状排列；叶全缘或有锯齿；通常均为直立木本或草本，多粗壮或具刺毛
…………………………………………………………… 紫草科 Boraginaceae

489. 果实为蒴果；花瓣完整或具裂片；叶全缘或具裂片，但无锯齿缘。

490. 通常为缠绕性，稀可为直立草本，或为半木质的攀援植物至大型木质藤本(如盾苞藤属 *Neuropeltis*)；萼片多互相分离；花冠常完整而几无裂片，于蕾中呈旋转状排列，也可有时深裂而其裂片成内折的镊合状排列(如盾苞藤属)
………………………………………………………… 旋花科 Convolvulaceae

490. 通常均为直立草木；萼片连合成钟形或筒状；花冠有明显的裂片，位于蕾中也成旋转状排列 ……………………………… 花荵科 Polemoniaceae

486. 每个子房室内有多数胚珠，或在花荵科中有时为 1 个至数个；多无托叶。

491. 高山区生长的耐寒旱性低矮多年生草本或丛生亚灌木；叶多小型，常绿，紧密排列成覆瓦状或莲座式；花无花盘；花单生至聚集成几为头状花序；花冠裂片成覆瓦状排列；子房 3 室；花柱 1 个；柱头 3 裂；蒴果室背开裂
……………………………………………………… 岩梅科 Diapensiaceae

491. 草本或木本，不为耐寒旱性；叶常为大型或中型，脱落性，疏松排列而各自展开；花多有位于子房下方的花盘。

492. 花冠不于蕾中折叠，其裂片呈旋转状排列，或在田基麻科中为覆瓦状排列。

493. 叶为单叶，或在花荵属 *Polemonium* 为羽状分裂，或为羽状复叶；子房 3 室(稀可 2 室)；花柱 1 个；柱头 3 裂；蒴果多室背开裂…… 花荵科 Polemoniaceae

493. 叶为单叶，且在田基麻属 *Hydrolea* 为全缘；子房 2 室；花柱 2 个；柱头呈头状；蒴果室间开裂……… 田基麻科 Hydrophyllaceae(田基麻族 Hydroleeae)

492. 花冠裂片呈镊合状或覆瓦状排列，或其花冠于蕾中折叠，且成旋转状排列；花萼常宿存；子房 2 室；或在茄科中为假 3 室至假 5 室；花柱 1 个；柱头完整或 2 裂。

494. 花冠多于蕾中折叠，其裂片呈覆瓦状排列；或在曼陀罗属 *Datura* 成旋转状排列，稀可在枸杞属 *Lycium* 和颠茄属 *Atrope* 等属中，并不于蕾中折叠，而呈覆瓦状排列，雄蕊的花丝无毛；浆果，或为纵裂或横裂的蒴果

…………………………………………………………………… 茄科 Solanaceae

494. 花冠不于蕾中折叠，其裂片呈覆瓦状排列；雄蕊的花丝具毛茸(尤以后方的 3 个如此)。

495. 室间开裂的蒴果 …… 玄参科 Semphulariaceae(毛蕊花属 *Verbascum*)

495. 浆果，有刺灌木 …………………… 茄科 Solanaceae(枸杞属 *Lycium*)

1. 子叶 1 个；茎无中央髓部，也无呈年轮状的生长；叶多具平行叶脉；花为 3 出数，有时为 4 出数，但极少为 5 出数 ……… 单子叶植物纲 Monocotyledoneae

496. 木本植物，或其叶于芽中呈折叠状。

497. 灌木或乔木；叶细长或呈剑状，在芽中不呈折叠状

……………………………………………………………… 露兜树科 Pandanaceae

497. 木本或草本；叶甚宽，常为羽状或扇形的分裂，在芽中呈折叠状而有强韧的平行脉或射出。

498. 植物体多甚高大，呈棕榈状，具简单或分枝少的主干；花为圆锥或穗状花序，托以佛焰状苞片……………………………………………… 棕榈科 Palmae

498. 植物体常为无主茎的多年生草木，具常深裂为 2 片的叶片；花为紧密的穗状花序 …………………… 环花科 Cyclanthaceae(巴拿马草属 Carludovica)

496. 草本植物或稀可为本质茎，但其叶于芽中从不呈折叠状。

499. 无花被或在眼子菜科中很小。

500. 花包藏于或附托以呈覆瓦状排列的壳状鳞片(特称为颖)中，由多花至一花形成小穗(自形态学观点而言，此小穗实即简单的穗状花序)。

501. 秆多少有些呈三棱形，实心；茎生叶呈 3 行排列；叶鞘封闭；花药以基底附着花丝；果实为瘦果或囊果 …………………………… 莎草科 Cyperaceae

501. 秆常呈圆筒形；中空；茎生叶呈 2 行排列；叶鞘常在一侧纵裂开；花药以

其中部附着花丝；果实通常为颖果 ………………………………… 禾本科 Gramineae

500. 花虽有时排列为具总苞的头状花序，但并不包藏于呈壳状的鳞片中。

502. 植物体微小，无真正的叶片，仅具无茎而漂浮水面或沉没水中的叶状体 ……………………………………………………………………… 浮萍科 Lemnaceae

502. 植物体常具茎，也具叶，其叶有时可呈鳞片状。

503. 水生植物，具沉没水中或漂浮水面的叶片。

504. 花单性，不排列成穗状花序。

505. 叶互生；花成球形的头状花序 ………………………… 黑三棱科 Sparganiaceae（黑三棱属 *Sparganium*）

505. 叶多对生或轮生；花单生，或在叶腋间形成聚伞花序。

506. 多年生草本；雌蕊为1个或更多而互相分离的心皮所成；胚珠自子房室顶端垂悬 ……………… 眼子菜科 Potamogetonaceae（角果藻族 Zannichellieae）

506. 一年生草本；雌蕊1个，具2～4个柱头；胚珠直立于子房室的基底 ……………………………………………… 茨藻科 Najadaceae（茨藻属 *Najas*）

504. 花两性或单性，排列成简单或分歧的穗状花序。

507. 花排列于一扁平穗轴的一侧。

508. 海水植物；穗状花序不分歧，但具雌雄同株或异株的单性花；雄蕊1个，具无花丝而为1室的花药；雌蕊1个，具2个柱头；胚珠1个，垂悬于子房室的顶 ……………………………… 眼子菜科 Potamogetonaceae（大叶藻属 *Zostera*）

508. 淡水植物；穗状花序常分为二歧而具两性花；雄蕊6个或更多，具极细长的花丝和2室的花药；雌蕊为3～6枚离生心皮所成；胚珠在每室内2个或更多，基生 ………………………… 水蕹科 Aponogetonaceae（水蕹属 *Aponogeton*）

507. 花排列于穗轴的周围，多为两性花；胚珠常仅1个 ……………………………………………………… 眼子菜科 Potamogetonaceae

503. 陆生或沼泽植物，常有位于空气中的叶片。

509. 叶有柄，全缘或有各种形状的分裂，具网状脉；花形成一肉穗花序，后者常有一大型而常具色彩的佛焰苞片 ……………………………… 天南星科 Araceae

509. 叶无柄，细长形、剑形，或退化为鳞片状，其叶片常具平行脉。

510. 花形成紧密的穗状花序，或在帚灯草科为疏松的圆锥花序。

511. 陆生或沼泽植物；花序为由位于苞腋间的小穗所组成的疏散圆锥花序；雌雄异株；叶多呈鞘状 ………… 帚灯草科 Restionaceae（薄果草属 *Leptocarpus*）

511. 水生或沼泽植物；花序为紧密的穗状花序。

512. 穗状花序位于一呈二棱形的基生花葶的一侧，而另一侧则延伸为叶状

的佛焰苞片；花两性 ………………………… 天南星科 Araceae(石菖蒲属 *Acorus*)

512. 穗状花序位于一圆柱形花梗的顶端，形如蜡烛而无佛焰苞；雌雄同株 ……………………………………………………………… 香蒲科 Typhaceae

510. 花序有各种型式。

513. 花单性，成头状花序。

514. 头状花序单生于基生无叶的花葶顶端；叶狭窄，呈禾草状，有时叶为膜质 …………………………………… 谷精草科 Eriocaulaceae(谷精草属 *Eriocaulon*)

514. 头状花序散生于具叶的主茎或枝条的上部，雄性者在上，雌性者在下；叶细长，呈扁三棱形，直立或漂浮水面，基部呈鞘状 ………………………… 黑三棱科 Sparganiaceae(黑三棱属 *Sparganium*)

513. 花常两性。

515. 花序呈穗状或头状，包藏于2个互生的叶状苞片中；无花被；叶小，细长形或呈丝状；雄蕊1或2个；子房上位，1～3室，每个子房室内仅有1个垂悬胚珠 …………………………………………………… 刺鳞草科 Centrolepidaceae

515. 花序不包藏于叶状的苞片中；有花被。

516. 子房3～6个，至少在成熟时互相分离 ……………………………… 水麦冬科 Juncaginaceae(水麦冬属 *Triglochin*)

516. 子房1个，由3枚心皮连合所组成 ……………… 灯心草科 Juncaceae

499. 有花被，常显著，且呈花瓣状。

517. 雌蕊3个至多数，互相分离。

518. 死物寄生性植物，具呈鳞片状而无绿色叶片。

519. 花两性，具2层花被片；心皮3枚，各有多数胚珠 ………………………………………… 百合科 Liliaceae(无叶莲属 *Petrosavia*)

519. 花单性或稀可杂性，具1层花被片；心皮数枚，各仅有1个胚珠 ………………………………… 霉草科 Triuridaceae(喜阴草属 *Sciaphila*)

518. 非死物寄生性植物，常为水生或沼泽植物，具有发育正常的绿叶。

520. 花被裂片彼此相同；叶细长，基部具鞘 ……………………………… 水麦冬科 Juncaginaceae(芝菜属 *Scneuchzeria*)

520. 花被裂片分化为萼片和花瓣2轮。

521. 叶(限于我国植物)呈细长形，直立；花单生或成伞形花序；蓇葖果 ………………………………………… 花蔺科 Butomaceae(菠薤属 *Butomus*)

521. 叶呈细长兼披针形至卵圆形，常为箭镞状而具长柄；花常轮生，成总状或圆锥花序；瘦果 ………………………………………… 泽泻科 Alismataceae

517. 雌蕊1个，复合性或于百合科的岩菖蒲属 *Tofieldia* 中其心皮近于分离。

522. 子房上位，或花被和子房相分离。

523. 花两侧对称；雄蕊1个，位于前方，即着生于远轴的1个花被片的基部 ………………………………… 田葱科 Philydraceae(田葱属 *Philydrum*)

523. 花辐射对称，稀可两侧对称；雄蕊3个或更多。

524. 花被分化为花萼和花冠2轮，后者于百合科的重楼族中，有时为细长形或线形的花瓣所组成，稀可缺如。

525. 花形成紧密而具鳞片的头状花序；雄蕊3个；子房1室 ………………………………… 黄眼草科 Xyridaceae(黄眼草属 *Xyris*)

525. 花不形成头状花序；雄蕊数在3个以上。

526. 叶互生，基部具鞘，平行脉；花为腋生或顶生的聚伞花序；雄蕊6个，或因退化而数较少 ………………………………… 鸭跖草科 Commelinaceae

526. 叶以3个或更多个生于茎的顶端而成一轮，网状脉而于基部具3～5脉；花单独顶生；雄蕊6个、8个或10个 …… 百合科 Liliaceae(重楼族 Parideae)

524. 花被裂片彼此相同或近于相同，或于百合科的白丝草属 *Chinographis* 中则极不相同，又在同科的油点草属 *Tricynis* 中其外层3个花被裂片的基部呈囊状。

527. 花小型，花被裂片绿色或棕色。

528. 花位于一穗形总状花序上；蒴果自一宿存的中轴上裂为3～6瓣，每果瓣内仅有1个种子 …………… 水麦冬科 Juncaginaceae(水麦冬属 *Triglochin*)

528. 花位于各种型式的花序上；蒴果室背开裂为3瓣，内有多数至3个种子 ………………………………… 灯心草科 Juncaceae

527. 花大型或中型，或有时为小型，花被裂片多少有些具鲜明的色彩。

529. 叶(限于我国植物)的顶端变为卷须，并有闭合的叶鞘；胚珠在每室内仅为1个；花排列为顶生的圆锥花序 ………………………… 须叶藤科 Flagellariaceae(须叶藤属 *Flagellaria*)

529. 叶的顶端不变为卷须；胚珠在每个子房室内为多数，稀可仅为1个或2个。

530. 直立或漂浮的水生植物；雄蕊6个，彼此不相同，或有时有不育者 ………………………………… 雨久花科 Pontedefiaceae

530. 陆生植物；雄蕊6个、4个或2个，彼此相同。

531. 花为4出数；叶(限于我国植物)对生或轮生，具有显著纵脉及密生的横

脉 …………………………………… 百部科 Stemonaceae(百部属 *Stemona*)

531. 花为 3 出或 4 出数;叶常基生或互生 ………………… 百合科 Liliaceae

522. 子房下位,或花被多少有些和子房相愈合。

532. 花两侧对称或为不对称形。

533. 花被片均成花瓣状;雄蕊和花柱多少有些互相连合 …………………………………………………… 兰科 Orchidaceae

533. 花被片并不是均成花瓣状,其外层形如萼片;雄蕊和花柱相分离。

534. 后方的 1 个雄蕊常为不育性,其余 5 个均发育而具有花药。

535. 叶和苞片排列成螺旋状;花常因退化而为单性;浆果;花管呈管状,其一侧不久即裂开……………………………… 芭蕉科 Musaceae(芭蕉属 *Musa*)

535. 叶和苞片排列成 2 行;花两性,蒴果。

536. 萼片互相分离或至多可和花冠相连合;居中的一花瓣并不成为唇瓣 ……………………………… 芭蕉科 Musaceae(鹤望兰属 *Strelitzia*)

536. 萼片互相连合成管状;居中(位于远轴方向)的一花瓣为大形而成唇瓣 ……………………………… 芭蕉科 Musaceae(兰花蕉属 *Orchidantha*)

534. 后方的 1 个雄蕊发育而具有花药,其余 5 个则退化,或变形为花瓣状。

537. 花药 2 室;萼片互相连合为一萼筒,有时呈佛焰苞状 ……………………………………………………… 姜科 Zingiberaceae

537. 花药 1 室;萼片互相分离或至多彼此相衔接。

538. 子房 3 室,每个子房室内有多数胚珠位于中轴胎座上;各不育雄蕊呈花瓣状,互相于基部简短连合 …………… 美人蕉科 Cannaceae(美人蕉属 *Canna*)

538. 子房 3 室或因退化而成 1 室,每个子房室内仅含 1 个基生胚珠;各不育雄蕊也呈花瓣状,唯多少有些互相连合 ………………… 竹芋科 Marantaceae

532. 花常辐射对称,即花整齐或近于整齐。

539. 水生草本,植物体部分或全部沉没水中 ………………………………………………… 水鳖科 Hydrocharitaceae

539. 陆生草木。

540. 植物体为攀援性;叶片宽广,具网状脉(还有数主脉)和叶柄 ……………………………………………………… 薯蓣科 Dioscoreaceae

540. 植物体不为攀援性;叶具平行脉。

541. 雄蕊 3 个。

542. 叶 2 行排列,两侧扁平而无背腹面之分,由下向上重叠跨覆;雄蕊和花被的外层裂片相对生 …………………………………… 鸢尾科 Iridaceae

542. 叶不为 2 行排列;茎生叶呈鳞片状;雄蕊和花被的内层裂片相对生 ·· 水玉簪科 Burmanniaceae

541. 雄蕊 6 个。

543. 果实为浆果或蒴果,而花被残留物多少和它相合生,或果实为一聚花果;花被的内层裂片各于其基部有 2 个舌状物;叶呈带形,边缘有刺齿或全缘 ·· 凤梨科 Bromeliaceae

543. 果实为蒴果或浆果,仅为一花所成;花被裂片无附属物。

544. 子房 1 室,内有多数胚珠位于侧膜胎座上;花序为伞形,具长丝状的总苞片 ·· 蒟蒻薯科 Taccaceae

544. 子房 3 室,内有多数至少数胚珠位于中轴胎座上。

545. 子房部分下位 ··

百合科 Liliaceae(肺筋草属 *Aletris*,沿阶草属 *Ophiopogon*,球子草属 *Peliosanthes*)

545. 子房完全下位······························ 石蒜科 Amaryllidacea

第五章

植物分类彩色图册

§5.1 石松类及蕨类植物

5.1.1 石松科

1. 石松

亚分类：石松科石松属。
别　名：伸筋草、过山龙。
拉丁名：*Lycopodium japonicum*。
特　性：多年生草本。匍匐茎蔓生，分枝。叶针形，呈深绿色。营养枝多回分叉，密生叶；孢子枝，叶疏生。孢子叶卵状三角形，先端急尖而具尖尾，边缘有不规则的锯齿。孢子囊肾形，淡黄褐色，7—8月间孢子成熟。生于低海拔林缘、疏林下，以及路边、山坡和草丛间。
功　效：用于治疗风寒湿痹、皮肤麻木、四肢软弱、跌打损伤。

5.1.2 卷柏科

2. 深绿卷柏

亚分类： 卷柏科卷柏属。

别　名： 生根卷柏、石上柏。

拉丁名： *Selaginella doederleinii*。

特　性： 多年生草本。茎匍匐状生长，主轴侧生多回分枝，分枝处经常着生根支体。叶 2 型，侧叶和中叶各 2 行，侧叶卵状长圆形，基部心形，中叶卵状长圆形，基部心形。孢子囊穗常为 2 个，孢子叶 4 列，卵状三角形，孢子囊近球形。林下土生，海拔 200～1 000(或 1 350)米。

功　效： 用于治疗风湿疼痛、风热咳喘、肝炎、乳蛾、痈肿溃疡和烧、烫伤。

3. 翠云草

亚分类：卷柏科卷柏属。
别　名：龙须、蓝草。
拉丁名：*Selaginella uncinata*。
特　性：中型伏地蔓生蕨。主茎伏地蔓生，分枝疏生。节处有不定根，叶卵形，2 列疏生。多回分叉。营养叶 2 型，背腹各 2 列，腹叶长卵形，背叶矩圆形，全缘，向两侧平展。孢子囊穗四棱形，孢子叶卵状三角形，4 列呈覆瓦状排列。多生于腐殖质土壤或溪边阴湿杂草中，以及岩洞内、湿石上或石缝中。
功　效：清热利湿，止血，止咳。

5.1.3 木贼科

4. 节节草

亚分类：	木贼科木贼属。
别　名：	土麻黄，草麻黄。
拉丁名：	*Equisetum ramosissimum*。
特　性：	多年生常绿草本。根茎横走或直立，黑棕色，节和根有黄棕色长毛。地上枝有脊，脊的背部弧形或近方形，无明显小瘤或有小瘤 2 行，鞘齿 16～22 枚，披针形，顶端淡棕色，膜质，芒状，早落，下部黑棕色。孢子囊穗卵状，顶端有小尖突，无柄。生于山坡林下阴湿处，以及河岸湿地、溪边或杂草地。
功　效：	疏散风热，明目退翳，止血。

5.1.4　海金沙科

5. 海金沙

亚分类：海金沙科海金沙属。

别　名：金沙藤、左转藤。

拉丁名：*Lygodium japonicum*。

特　性：多年生攀援草本。根茎细长，横走，黑褐色或栗褐色，密生毛，茎无限生长。叶多数生于短枝两侧，叶 2 型，纸质，营养叶尖三角形，二回羽状，边缘有浅钝齿。孢子叶卵状三角形，羽片边缘有流苏状孢子囊穗，孢子囊梨形，孢子期 5—11 月。生于山坡草丛或灌木丛中。

功　效：用于治疗尿道涩痛。

5.1.5 凤尾蕨科

6. 井栏边草

亚分类：凤尾蕨科凤尾蕨属。
别　名：井栏草、小叶凤尾草。
拉丁名：*Pteris multifida*。
特　性：根状茎短而直立，先端被黑褐色鳞片。叶2型，簇生，纸质，叶柄禾秆色，叶片卵状长圆形，一回羽状，对生，斜向上，无柄。线状披针形，顶部生三叉羽片以及上部羽片的基部显著下延，在叶轴两侧形成宽3～5毫米的狭翅。孢子囊群线形，沿叶缘连续延伸。多生于山谷石缝、井边或灌木林缘阴湿处。
功　效：其全株均可入药，具有解毒、止血等作用。

5.1.6　水龙骨科

7. 瓦韦

亚分类：水龙骨科瓦韦属。

别　名：剑丹、七星草。

拉丁名：*Lepisorus thunbergianus*。

特　性：多年生草本。根状茎横走，密被披针形鳞片，鳞片褐棕色，大部分不透明，仅叶边12行网眼透明，具锯齿。叶柄禾秆色，叶片线状披针形或狭披针形，渐尖头，基部渐变狭并下延。孢子囊群圆形或椭圆形。生于海拔250～1 400米的林中树干、石上或瓦缝中。

功　效：清热解毒，利尿通淋，止血。

8. 石蕨

亚分类：水龙骨科石蕨属。
别　名：石豇豆、石豆角。
拉丁名：*Saxiglossum angustissimum*。
特　性：石附生小型蕨类。根状茎细长横走，密被鳞片，鳞片卵状披针形，边缘具细齿，红棕色至淡棕色。叶几无柄，基部以关节着生，叶片线形，钝尖头，基部渐狭缩，边缘向下强烈反卷，幼时上面疏生星状毛，下面密被黄色星状毛，宿存。孢子囊群线形，幼时全被反卷的叶边覆盖，成熟时张开，孢子囊外露，孢子椭圆形。附生于阴湿的岩石或树上。
功　效：清热利湿，凉血止血。

5.1.7　乌毛蕨科

9. 狗脊

亚分类：乌毛蕨科狗脊蕨属。

拉丁名：*Woodwardia japonica*。

特　性：多年生草本。根状茎粗短而直立，密被红棕色的披针形大鳞片。叶簇生，叶柄向上到叶轴被相同且较小的鳞片，叶片二回羽裂，羽片披针形，羽状半裂，裂片三角形，基部的缩小成圆耳片。孢子囊群线形，挺直，不连续，呈单行排列；囊群盖线形，质厚，棕褐色，成熟时开向主脉或羽轴，宿存。广布于长江流域以南各省区，生于疏林下。

功　效：入药能补肝肾、强腰膝、除风湿。

5.1.8 槲蕨科

10. 槲蕨

亚分类：槲蕨科槲蕨属。
别　名：骨碎补、毛姜。
拉丁名：*Drynaria roosii*。
特　性：多年生附生草本。根状茎，密被鳞片，鳞片斜升，盾状着生，边缘有齿。叶2型，不育叶灰棕色，革质，卵形，长5～7厘米，宽3～6厘米；能育叶纸质，宽14～18厘米，长椭圆形。孢子囊群圆形，生于肉藏小脉的交叉点，在主脉两侧各有3行左右，无盖。附生于树上、山林石壁上或墙上。
功　效：主治肾虚久泻、耳鸣、齿痛、脱发、跌扑闪挫、筋骨伤损。

5.1.9　紫萁科

11. 紫萁

亚分类：紫萁科紫萁属。

别　名：白线鸡尾、大贯众。

拉丁名：*Osmunda japonica*。

特　性：多年生宿根性的草本地生蕨类。根茎块状，其上宿存多数已干枯的叶柄基部，直立或倾立，不分岐，或偶有不定芽自基部生出。根发达，钻穿力与抓地力犟劲。蕨叶为二回羽状复叶，初生时红褐色并被有白色或淡褐色茸毛，丛生，分有营养羽片、孢子羽片、营养孢子羽片 3 型，所有羽片与叶柄基部皆具关节，老化后会自该处断落。孢子绿色。多生于山地林缘、坡地草丛中。

功　效：清热解毒，止血。

5.1.10 里白科

12. 芒萁

亚分类：里白科芒萁属。

别　名：狼萁、铁狼萁。

拉丁名：*Dicranopteris dichotoma*。

特　性：多年生草本。根状茎横走，密被暗锈色长毛。叶远生，柄棕禾秆色，光滑，基部以上无毛，叶轴一至二(三)回二叉分枝，被暗锈色毛，渐变光滑，各回分叉处两侧均各有一对托叶状的羽片，平展，宽披针形，等大或不等，叶为纸质，上面黄绿色或绿色，沿羽轴被锈色毛，后变无毛，下面灰白色，沿中脉及侧脉疏被锈色毛。孢子囊圆形。生于强酸性土的荒坡或林缘。

功　效：清热解毒，祛瘀消肿，散瘀止血。

5.1.11　陵齿蕨科

13. 乌蕨

亚分类：陵齿蕨科乌蕨属。

别　名：乌韭。

拉丁名：*Stenoloma chusanum*。

特　性：多年生草本。根茎质硬而短，短匍匐状，密生赤褐色钻状鳞片。二回至三回羽状复叶，叶密集呈丛生状，干后变为黑褐色。叶柄禾秆色或带紫红色，光滑，直立或斜向，叶片近革质，三至四回羽状分裂，披针形。孢子囊群着生于末裂片近叶缘处，孢子囊群盖灰棕色，半杯形，开口朝外。生于山坡地、田边、路旁、溪沟、林下等地。

功　效：清热利湿，止血生肌，解毒。

5.1.12 蚌壳蕨科

14. 金毛狗

亚分类：蚌壳蕨科金毛狗属。

别　名：黄毛狗、猴毛头。

拉丁名：*Cibotium barometz*。

特　性：多年生草本。根状茎卧生，粗大，顶端生出一丛大叶，基部被有一大丛垫状的金黄色茸毛，有光泽，上部光滑。叶片大，三回羽状分裂，叶几为革质或厚纸质，干后上面褐色，有光泽，两面光滑，或小羽轴上下两面略有短褐毛疏生。孢子囊群生于下部的小脉顶端，囊群盖棕褐色，横长圆形，两瓣状，内瓣较外瓣小，成熟时张开如蚌壳。多生于山麓阴湿的山沟或林下荫处的酸性土壤上。

功　效：补肝肾，强腰脊，祛风湿。

§5.2 裸子植物

5.2.1 银杏科

1. 银杏

亚分类：银杏科银杏属。
别　名：白果、公孙树。
拉丁名：*Ginkgo biloba*。
特　性：落叶大乔木。幼树树皮近平滑，浅灰色；大树之皮灰褐色，不规则纵裂。叶互生，在长枝上辐射状散生，在短枝上簇生状，有细长的叶柄，叶扇形。球花单性，雌雄异株。种子核果状，具长梗；假种皮肉质，被白粉，成熟时淡黄色或橙黄色；种皮骨质，白色，常具2(稀3)纵棱；内种皮膜质。生于海拔500～1 000米的酸性黄壤、排水良好地带。
功　效：种仁入药，有清热、敛肺、平喘、止咳、行气、活血之功能，并可炒食或甜食。

5.2.2 苏铁科

2. 苏铁

亚分类：苏铁科苏铁属。

别　名：凤尾松、铁树。

拉丁名：*Cycas revoluta*。

特　性：常绿棕榈状木本。茎干圆柱状，不分枝。茎部宿存于叶基和叶痕，呈鳞片状。叶从茎顶部长出，一回羽状复叶，厚革质而坚硬，羽片条形，小叶线形，初生时内卷，后向上斜展，微呈"V"字形，边缘向下反卷，先端锐尖，叶背密生锈色绒毛，基部小叶成刺状。雌雄异株，6—8 月开花，雄球花圆柱形，雌球花扁球形。种子 12 月成熟，种子大，卵形而稍扁，熟时红褐色或橘红色。多栽植于庭园，属观赏植物。

功　效：清热，止血，祛痰。

5.2.3 松科

3. 五针松

亚分类：松科松属。
别　名：日本五须松、五钗松。
拉丁名：*Pinus parviflora*。
特　性：常绿针叶乔木，树皮灰褐色，老干有不规则鳞片状剥裂，内皮赤褐色，一年生小枝淡褐色，密生淡黄色柔毛。叶针状，细弱而光滑，每5枚针叶簇生为一小束，多数小束簇生在枝顶和侧枝上。花期5月，球花单性同株。球果卵圆形，翌年10—11月种子成熟，种子为倒卵形，具三角形种翅，淡褐色。主产于中国中部至西南部高山。
功　用：属观赏植物。

4. 马尾松

亚分类：松科松属。
别　名：枞树、青松。
拉丁名：*Pinus massoniana*。
特　性：常绿针叶乔木。树皮红褐色，下部灰褐色，裂成不规则的鳞状块片，枝平展或斜展，树冠宽塔形或伞形。针叶 2 针一束，稀 3 针一束，两面有气孔线，叶鞘初呈褐色，后渐变成灰黑色，宿存。雄球花淡红褐色，穗状；雌球花淡紫红色。球果卵圆形或圆锥状卵圆形，种子长卵圆形。花期 4—5 月，球果翌年 10—12 月成熟。在山脊和阳坡的地上，以及陡峭的石山岩缝里都能生长。
功　用：松木是工农业生产的重要用材。

5. 雪松

亚分类：松科雪松属。
别　名：香柏、宝塔松。
拉丁名：*Cedrus deodara*。
特　性：常绿乔木，树皮灰褐色，裂成鳞片，老时剥落。大枝一般平展，为不规则轮生，小枝略下垂。叶在长枝上为螺旋状散生，在短枝上簇生，叶针状，质硬，先端尖细，叶色淡绿至蓝绿。雌雄异株，稀同株，花单生枝顶，球果椭圆至椭圆状卵形，成熟后种鳞与种子同时散落，种子具翅，花期为10—11月，雄球花比雌球花的花期早10天左右。球果翌年10月成熟。分布于海拔1 300～3 300米地带。
功　用：现广泛栽培为庭园观赏树种。

6. 铁杉

亚分类：松科铁杉属。
别　名：华铁杉、南方铁杉。
拉丁名：*Tsuga chinensis*。
特　性：常绿乔木。树皮片状剥落，褐灰色。树冠直立高大。叶线形，顶端有凹缺，中脉凹陷，叶背沿中脉两侧有白色气孔带。雄球花生叶腋，雌球花单生侧枝顶端，珠鳞大于苞鳞。球果卵圆形，下垂，种鳞楔状方形或楔状圆形，苞鳞小，不露出。种子斜卵形，具翅。生于海拔600～2 100米处的针阔混交林中，是国家三级保护渐危种。
功　用：属重要木材，也是荒山造林的主要树种。

7. 江南油杉

亚分类：松科油杉属。

拉丁名：*Keteleeria cyclolepis*。

特　性：常绿针叶树种，树冠圆锥形。叶条形，先端圆或钝，上面光绿色，下面浅绿色，在侧枝上排成 2 列，先端钝圆或微凹，边缘稍反卷，中脉两面隆起，沿中脉两侧各有 1 行气孔带。果球圆柱形，中部的种鳞斜方形或斜方状圆形，长宽近相等，上部边缘微向内曲，鳞背无毛。苞鳞中部窄，下部稍宽，顶部 3 裂，中裂片窄长，边缘具细齿。种翅中下部较宽，种子 10 月成熟。生于海拔 340～1 400 米山地，为我国特有树种。

功　用：园林观赏树种。

5.2.4 柏科

8. 侧柏

亚分类:	柏科侧柏属。
别　名:	柏树、扁柏。
拉丁名:	*Platycladus orientalis*。
特　性:	常绿乔木。幼树树冠尖塔形,老树广圆形,树皮薄,淡灰褐色,条片状纵裂,大枝斜出,小枝排成平面,扁平,无白粉。叶鳞片状,叶2型,中央叶倒卵状菱形,背面有腺槽,两侧叶船形,中央叶与两侧叶交互对生。雌雄同株异花,雌雄花均单生于枝顶。球果阔卵形,近熟时蓝绿色被白粉,种鳞木质,红褐色,种子卵形,灰褐色,无翅,有棱脊,花期3—4月,种熟期10—11月。常为阳坡造林树种。
功　效:	收敛止血,利尿健胃,解毒散瘀。

9. 福建柏

亚分类：柏科福建柏属。
别　名：建柏、滇柏。
拉丁名：*Fokienia hodginsii*。
特　性：乔木。树皮紫褐色，平滑，生鳞叶的小枝扁平，排成一平面，二、三年生枝褐色，光滑，圆柱形。鳞叶2对交叉对生，成节状，中央之叶呈楔状倒披针形，侧面之叶对折，近长椭圆形。雄球花近球形，球果近球形，熟时褐色，种子顶端尖，具3～4棱，上部有两个大小不等的翅，花期3—4月，种子翌年10—11月成熟。生于温暖湿润的山地森林中。
功　效：主治脘腹疼痛、噎膈、反胃、呃逆、恶心呕吐。

10. 刺柏

亚分类：柏科刺柏属。

别　名：翠柏、杉柏。

拉丁名：*Juniperus formosana*。

特　性：乔木。树皮褐色，纵裂成长条薄片脱落，枝条斜展或直展，树冠塔形或圆柱形。叶三叶轮生，条状披针形或条状刺形。雄球花圆球形或椭圆形，球果近球形或宽卵圆形，两年成熟，熟时淡红褐色，被白粉或白粉脱落，种子 3 粒，稀 1 粒，半月圆形，具 3～4 棱脊。在干旱沙地、向阳山坡以及岩石缝隙处均可生长。

功　用：常用于园林和高速公路绿化。

11. 圆柏

亚分类：柏科圆柏属。
别　名：柏树、桧。
拉丁名：*Sabina chinensis*。
特　性：常绿乔木。树冠尖塔形，老时树冠呈广卵形，树皮灰褐色，裂成长条片。幼树枝条斜上展，老树枝条扭曲状，大枝近平展。叶2型，镤叶钝尖，背面近中部有椭圆形微凹的腺体，刺形叶披针形，三叶轮生，上面微凹，有2条白色气孔带。球果近圆形，有白粉，熟时褐色，内有1～4粒种子。生于海拔2 300米以下山地。
功　用：可用作绿篱和防护林。

5.2.5 杉科

12. 柳杉

亚分类：杉科柳杉属。

别　名：长叶孔雀松。

拉丁名：*Cryptomeria fortunei*。

特　性：乔木。树皮红棕色，纤维状，裂成长条片脱落，大枝近轮生，平展或斜展，小枝细长，常下垂，绿色，枝条中部的叶较长，常向两端逐渐变短。叶钻形，略向内弯曲，先端内曲，四边有气孔线。雄球花单生叶腋，长椭圆形，雌球花顶生于短枝上。球果圆球形或扁球形，种子褐色，近椭圆形，扁平，边缘有窄翅，花期 4 月，球果 10 月成熟。生于海拔 400～2 500 米的山谷溪边、潮湿林中、山坡林中。

功　效：解毒，杀虫，止痒。

5.2.6　三尖杉科

13. 三尖杉

亚分类：三尖杉科三尖杉属。

别　名：藏杉、桃松。

拉丁名：*Cephalotaxus fortunei*。

特　性：常绿乔木。树皮红褐色或褐色，片状开裂。叶螺旋状着生，基部扭转排成2列状，近水平展开，披针状条形，先端有渐尖的长尖头，基部楔形，上面亮绿色，中脉隆起，下面有白色气孔带，中脉明显。雄球花8～10枚聚生成头状，雌球花的胚珠3～8个发育成种子，种子椭圆状卵形，假种皮熟时为紫色或紫红色。花期4月，种子8—10月熟。生于阔叶树、针叶树混交林中，为我国特有树种。

功　效：驱虫，消积，抗癌。

5.2.7 红豆杉科

14. 长叶榧树

亚分类：红豆杉科榧树属。

拉丁名：*Torreya jackii*。

特　性：常绿小乔木或常为多分枝灌木。树皮灰褐色，老后成片状剥落。叶对生列成2列，质硬，线状披针形状，先有渐刺状尖头，基部楔形，有短柄，有2条较绿色边带窄的灰白色气孔带。雌雄同株，雄球花单生叶腋，雌球花成对生于叶，种子的全部被肉质假种皮所包，倒卵圆形，成熟时红黄色，被白粉，花期3—4月，种子次年10月成熟。生长在山势陡峭的峡谷、裸露的陡峭阴坡或溪流两旁。

功　用：可制器具。

15. 榧树

亚分类：红豆杉科榧属。

别　名：香榧、玉榧。

拉丁名：*Torreya grandis*。

特　性：常绿乔木。树干端直，树冠卵形，干皮褐色光滑，老时浅纵裂，小枝近对生或近轮生。叶条形，螺旋状着生，在小枝上呈 2 列展开，基部聚缩成短叶柄，叶表深绿光亮，叶背中脉两侧有 2 条与中脉等宽的黄色气孔带。雌雄异株，雄球花单生于叶腋，雌球花对生于叶腋，种子大形，核果状，为假种皮所包被，假种皮淡紫红色，被白粉，种皮革质，淡褐色，具不规则浅槽，花期 4 月中下旬，果熟翌年 9 月。主要生长在中国南方较为湿润的地区。

功　用：果实为坚果，可食用。

16. 红豆杉

亚分类：红豆杉科红豆杉属。
别　名：南方红豆杉。
拉丁名：*Taxus chinensis*。
特　性：常绿乔木。小枝秋天变成黄绿色或淡红褐色，叶排列成2列，条形，微弯或较直，上面深绿色，有光泽，下面淡黄绿色，有2条气孔带。雌雄异株，雄球花单生于叶腋，雌球花的胚珠单生于花轴上部侧生短轴的顶端，种子生于杯状红色肉质的假种皮中，常呈卵圆形，4月开花，10月种子成熟。生于山顶多石或瘠薄的土壤，多呈灌木状。
功　效：含有抗癌特效药物紫杉醇。

5.2.8　罗汉松科

17. 竹柏

亚分类：罗汉松科竹柏属。
别　名：罗汉柴、椤树。
拉丁名：*Podocarpus nagi*。
特　性：常绿乔木。树干通直，树皮褐色，平滑，薄片状脱落，小枝对生，灰褐色。叶子对生，革质，宽披针形或椭圆状披针形，有多数并列的细脉，无中脉。雌雄异株，雄球花穗状圆柱形，单生叶腋；雌球花单生叶腋，稀成对腋生。种子核果状，圆球形，为肉质假种皮所包，花期 3—4 月，种子 10 月成熟。常散生于中国亚热带东南部丘陵低山的常绿阔叶林中。
功　效：可舒筋活血，用于治疗腰肌劳损、止血接骨。

18. 罗汉松

亚分类：罗汉松科罗汉松属。

别　名：土杉、金钱松。

拉丁名：*Podocarpus macrophyllus*。

特　性：乔木。树皮灰色或灰褐色，浅纵裂，成薄片状脱落，枝开展或斜展，较密。叶螺旋状着生，条状披针形，微弯，先端尖，基部楔形，上面深绿色，有光泽，下面带白色、灰绿色或淡绿色。雄球花穗状、腋生；雌球花单生叶腋。种子卵圆形，熟时肉质假种皮为紫黑色，有白粉，种托肉质圆柱形，为红色或紫红色，花期4—5月，种子8—9月成熟。在沿海平原也能生长。

功　效：活血，止痛，杀虫。

§5.3 被子植物

5.3.1 木兰科

1. 鹅掌楸

亚分类：木兰科鹅掌楸属。

别　名：马褂木、双飘树。

拉丁名：*Liriodendron chinense*。

特　性：落叶大乔木。小枝灰色或灰褐色。叶马褂状，近基部每边具1侧裂片，先端具2浅裂，下面苍白色。花杯状，花被片9片，外轮3片绿色，萼片状，内两轮6片，直立，花瓣状。花期时雌蕊群超出花被之上，花期5月，果期9—10月，聚合果具种子1～2颗。通常生于海拔900～1 000米的山地林中或林缘。

功　效：祛风除湿，散寒止咳。

2. 阔瓣含笑

亚分类：木兰科含笑属。
别　名：云山白兰花、广东香子。
拉丁名：*Michelia platypetala*。
特　性：常绿乔木。嫩枝、芽、嫩叶均被红褐色绢毛。叶薄革质，长圆形、椭圆状长圆形，下面被灰白色或杂有红褐色平伏微柔毛，叶柄无托叶痕，被红褐色平伏毛。花被片9片，白色，花期3—4月，果期8—9月，聚合果，种子淡红色，扁宽卵圆形或长圆体形。生于海拔1 200～1 500米的密林中。
功　用：园林观赏或绿化造林用树种。

3. 金叶含笑

亚分类：木兰科含笑属。

拉丁名：*Michelia foveolata*。

特　性：乔木。芽、幼枝、叶柄、叶背、花梗密被红褐色短绒毛。叶厚革质，长圆状椭圆形、椭圆状卵形或阔披针形，基部阔楔形，圆钝或近心形，通常两侧不对称，上面深绿色，有光泽，下面被红铜色短绒毛，叶柄无托叶痕。花被片 9～12 片，淡黄绿色，基部带紫色，花丝深紫色，花期 3—5 月，果期 9—10 月。生于海拔 500～1 800 米的阴湿林中。

功　用：园林绿化树种。

4. 深山含笑

亚分类：木兰科含笑属。
别　名：光叶白兰、莫夫人含笑。
拉丁名：*Michelia maudiae*。
特　性：常绿乔木。各部均无毛，芽、嫩枝、叶下面、苞片均被白粉。叶互生，革质深绿色，长圆状椭圆形，很少卵状椭圆形，基部楔形、阔楔形或近圆钝。花芳香，花被片 9 片，纯白色，基部稍呈淡红色，花期 2—3 月，果期 9—10 月，聚合果，种子红色，斜卵圆形。生于河谷山坡上。
功　效：清热解毒，行气化浊，止咳。

5. 乐昌含笑

亚分类：木兰科含笑属。
别　名：南方白兰花、景烈含笑。
拉丁名：*Michelia chapensis*。
特　性：常绿乔木。叶薄革质，倒卵形、狭倒卵形或长圆状倒卵形，基部楔形或阔楔形，上面深绿色，有光泽，叶柄上面具张开的沟，嫩时被微柔毛，后脱落无毛。花淡黄色，花期 3—4 月，果期 8—9 月，聚合果，蓇葖长圆体形或卵圆形，种子红色，卵形或长圆状卵圆形。生于山腰、山顶、泥土、疏林。
功　用：可作行道树。

6. 乳源木莲

亚分类：木兰科木莲属。

拉丁名：*Manglietia yuyuanensis*。

特　性：乔木。枝黄褐色。叶倒披针形，上面深绿色，下面淡灰绿色，边缘稍背卷，叶柄上面具渐宽的沟。花梗具1环苞片脱落痕，花被薄革质，倒卵状长圆形，花期5月，果期9—10月，聚合果卵圆形，熟时褐色。生于海拔700～1 200米的林中。

功　效：成熟干燥后的果实称“木莲果”，可治肝胃气痛、脘胁作胀、便秘、老年干咳等。

7. 荷花玉兰

亚分类：木兰科木兰属。
别　名：广玉兰。
拉丁名：*Magnolia grandiflora*。
特　性：常绿乔木。小枝、芽、叶下面、叶柄均密被褐色或灰褐色短绒毛(幼树的叶下面无毛)。叶厚革质，椭圆形、长圆状椭圆形或倒卵状椭圆形，基部楔形，叶面深绿色，有光泽，叶柄具深沟。花大白色，有芳香，花被片 9～12 片，厚肉质，花期 5—7 月，9—10 月果熟，种子外皮红色。
功　用：多栽培，可入药，也可用作道路绿化。

8. 黄山木兰

亚分类：木兰科木兰属。

拉丁名：*Magnolia cylindrica*。

特　性：落叶乔木。树皮灰白色，平滑，嫩枝、叶柄、叶背被淡黄色平伏毛。叶膜质，倒卵形，叶面绿色，无毛，下面灰绿色，叶柄有狭沟，有托叶痕。花先叶开放，花被片9片，外轮膜质，萼片状，内2轮花瓣状，白色，基部稍带红色。生于海拔600～1 700米处的山坡、沟谷疏林或山顶灌丛中。

功　效：润肺止咳，利尿，解毒。

9. 紫玉兰

亚分类：木兰科木兰属。
别　名：木兰、辛夷。
拉丁名：*Magnolia liliflora*。
特　性：落叶灌木。常丛生。叶椭圆状倒卵形或倒卵形，基部渐狭沿叶柄下延至托叶痕，沿脉有短柔毛。托叶痕约为叶柄长之半。花蕾卵圆形，被淡黄色绢毛，先花后叶，直立于粗壮、被毛的花梗上，稍有香气，花期 3—4 月，果期 8—9 月，聚合果深紫褐色变褐色，圆柱形，成熟蓇葖近圆球形，顶端具短喙。一般生长在山坡林缘。
功　效：治疗头痛、腰痛、脑痛、鼻炎等症。

10. 玉兰

亚分类：木兰科木兰属。

别　名：白玉兰、望春花。

拉丁名：*Magnolia denudata*。

特　性：落叶乔木。幼枝上残存环状托叶痕，嫩枝及芽外被短绒毛。冬芽具大形鳞片，密被淡灰绿色长毛。叶互生，大型叶为倒卵形，先端短而突尖，基部楔形，表面有光泽。花先叶开放，顶生，钟状，芳香，碧白色，有时基部带红晕，3月开花，6—7月果熟。

功　用：现多见于园林中孤植、散植或于道路两侧作行道树。常用于观赏。

11. 厚朴

亚分类：木兰科木兰属。
别　名：紫朴、温朴。
拉丁名：*Magnolia officinalis*。
特　性：落叶乔木。顶芽大，狭卵状圆锥形，无毛。叶大，近革质，长圆状倒卵形，基部楔形，全缘而微波状，上面绿色无毛，下面灰绿色被灰色柔毛，有白粉，有托叶痕。花白色，芳香，花被片厚肉质，花期 5—6 月，果期 8—10 月，聚合果长圆状卵圆形。生于海拔 300～1 500 米的山地林间。
功　效：化湿导滞，行气平喘，化食消痰，祛风镇痛。

12. 观光木

亚分类：木兰科观光木属。

拉丁名：*Tsoongiodendron odorum*。

特　性：常绿乔木。小枝、芽、叶均被黄棕色糙状毛。叶片厚膜质，椭圆形或倒卵状椭圆形，中上部较宽，顶端急尖或钝，基部楔形，托叶与叶柄贴生，叶柄长基部膨大，托叶痕几达叶柄中部。花两性，单生叶腋，淡紫红色，芳香，花期3—4月，果期10—12月，种子具红色假种皮，椭圆形或三角状倒卵圆形。多生于砂页岩的山地黄壤或红壤。

功　用：高档家具和木器的优良木材。

13. 假地枫皮

亚分类： 木兰科八角属。

拉丁名： *Illicium jiadifengpi*。

特　性： 乔木。树皮褐黑色，剥下为板块状。叶聚生于小枝近顶端，狭椭圆形或长椭圆形，基部渐狭，边缘外卷。花白色或带浅黄色，腋生或近顶生，花被片多数，雄蕊多数，心皮 12～14 枚，花期 3—5 月，果期 8—10 月，蓇葖果 12～14 枚，种子浅黄色。生于海拔 1 000～1 950 米山顶或山腰的密林、疏林中，有时成片分布。

功　效： 用于治疗风湿性关节疼痛。

14. 闽皖八角

亚分类：木兰科八角属。
拉丁名：*Illicium minwanense*。
特　性：常绿乔木。树皮灰白色至褐黑色，块状脱落。叶薄革质至革质，互生，倒卵形或椭圆形，基部渐狭，下延至叶柄形成狭翅，叶脉在两面凸起。花腋生或簇生于枝端，或生于老茎上，花被片多数，薄纸质或近膜质，雄蕊 22～25 枚，心皮 12～13 枚。花期 4 月，果期 9—10 月。生于海拔 1 100～1 850米的山沟谷、溪边林缘。植物有毒。
功　用：观赏树种。

5.3.2　樟科

15. 浙江楠

亚分类：樟科楠属。

拉丁名：*Phoebe chekiangensis*。

特　性：常绿乔木。小枝有棱，密被黄褐色或灰黑色柔毛。叶革质，倒卵状椭圆形或倒卵状披针形，稀为披针形，基部楔形或宽楔形，下面被灰褐色柔毛，叶柄密被黄褐色柔毛。圆锥花序腋生，密被黄褐色柔毛，花期 4—5 月，果期 9—10 月。核果椭圆状卵圆形，熟时黑褐色，外被白粉，宿存花被片革质，紧贴。生于海拔 1 000 米以下的丘陵低山沟谷地或山坡林内。为中国特有珍稀树种。

功　用：优质木材。

16. 樟

亚分类：樟科樟属。
别　名：香樟、樟木。
拉丁名：*Cinnamomum camphora*。
特　性：常绿乔木。叶互生，薄革质，卵形或椭圆状卵形，上面光亮，下面稍灰白色，离基三出脉，脉腋有腺体。花小，黄绿色，圆锥花序，花期4—5月，果期8—11月，核果小球形，紫黑色，基部有杯状果托。主要生长于亚热带土壤肥沃的向阳山坡、谷地及河岸平地。
功　效：可治疗高热、感冒、麻疹、百日咳、痢疾。

5.3.3 蜡梅科

17. 蜡梅

亚分类：蜡梅科蜡梅属。

别　名：金梅、蜡花。

拉丁名：*Chimonanthus praecox*。

特　性：落叶灌木。叶对生，纸质，椭圆状卵形至卵状披针形，先端渐尖，全缘，芽具多数覆瓦状鳞片。先花后叶，花单生于一年生枝条叶腋，有短柄及杯状花托，花被多片呈螺旋状排列，黄色，带蜡质，有浓芳香，花期12—1月，果期6—7月成熟，瘦果多数。常生于山地林中。

功　效：蜡梅花有解毒生津之效。

5.3.4 金粟兰科

18. 及己

亚分类： 金粟兰科金粟兰属。

别　名： 獐耳细辛、四叶细辛。

拉丁名： *Chloranthus serratus*。

特　性： 多年生草本。茎直立，具明显的节。叶对生，4～6片生于茎上部，倒卵形或卵状披针形，顶端渐尖，基部楔形，边缘有锯齿。穗状花序单生或2～3分枝，花白色雄蕊3枚。花果期4—6月，核果近球形或梨形。生长于林边阴湿处。

功　效： 抗菌消炎，活血消肿。

5.3.5　三白草科

19. 蕺菜

亚分类：三白草科蕺菜属。
别　名：鱼腥草、折耳根、狗点耳。
拉丁名：*Houttuynia cordata*。
特　性：多年生草本，全株有腥臭味。茎上部直立，常呈紫红色，下部匍匐，节上轮生小根。叶互生，薄纸质，有腺点，卵形或阔卵形，基部心形，全缘，背面常紫红色，掌状叶脉，托叶膜质，下部与叶柄合生成鞘。花小，白色，无花被，排成与叶对生的穗状花序，花期5—6月，果期10—11月。蒴果近球形，种子多数，卵形。生长于阴湿处或山涧边。
功　效：清热解毒，消痈排脓，利尿通淋。

5.3.6 睡莲科

20. 睡莲

亚分类:	睡莲科睡莲属。
拉丁名:	*Nymphaea tetragona*。
特　性:	多年生水生草本。根状茎肥厚。叶柄圆柱形,细长,叶2型,浮水叶圆形或卵形,基部具弯缺,心形或箭形,常无出水叶;沉水叶薄膜质,脆弱。花单生,浮于或挺出水面,花大形,白天开花,夜间闭合,浆果海绵质,不规则开裂,在水面下成熟,种子坚硬,为胶质物包裹,有肉质杯状假种皮。生于池沼、湖泊等静水水体中。
功　用:	常作为观赏植物。

21. 莲

亚分类：睡莲科莲属。

别　名：荷花、芙蕖。

拉丁名：*Nelumbo nucifera*。

特　性：多年生挺水草本植物。根状茎横走，粗而肥厚，节间膨大，内有纵横通气孔道，节部缢缩。叶基生，挺出水面，盾形，波状边缘，上面深绿色，下面浅绿色，叶柄有小刺，挺出水面。花单生，椭圆花瓣多数，白色或粉红色，花托在果期膨大，海绵质，坚果椭圆形和卵圆形，灰褐色。生于池塘、浅湖泊及稻田中。

功　用：其地下茎称藕，能食用，叶入药，莲子为上乘补品，花可供观赏。

5.3.7 毛茛科

22. 毛茛

亚分类：毛茛科毛茛属。
别　名：老虎脚迹、五虎草。
拉丁名：*Ranunculus japonicus*。
特　性：多年生草本。茎直立，中空，有槽，具分枝，生开展或贴伏的柔毛。叶片圆心形或五角形，基部心形或截形，通常3深裂不达基部。聚伞花序有多数花，疏散，花黄色，有光泽，花果期4—9月，聚合果近球形，瘦果扁平，边缘有棱，无毛，喙短直或外弯。喜生于田野、湿地、河岸、沟边及阴湿的草丛中。
功　效：捣碎外敷，可截疟、消肿及治疮癣。

23. 单叶铁线莲

亚分类：毛茛科铁线莲属。

别　名：铁线牡丹、金包银。

拉丁名：*Clematis henryi*。

特　性：多年生草本或木质藤本。蔓茎瘦长，富韧性，全体有稀疏短毛。叶对生，有柄，单叶或一或二回三出复叶，叶柄能卷缘他物，小叶卵形或卵状披针形，全缘，或 2～3 缺刻。花单生或为圆锥花序，萼片大，花瓣状，花色一般为白色，花有芳香气味，花期 6—9 月。多见于低山区的丘陵灌丛。

功　效：利尿，理气通便，活血止痛。

5.3.8 小檗科

24. 南天竹

亚分类：小檗科南天竹属。
别　名：玉珊珊、野猫伞。
拉丁名：*Nandina domestica*。
特　性：常绿灌木。丛生状，干直立，分枝少。叶对生，二至三回奇数羽状复叶，小叶椭圆状披针形，深绿色冬季常变红色。花白色而小，为大型圆锥花序顶生，5—7月开放。果红色球形，11月成熟。多生于湿润的沟谷旁、疏林下或灌丛中。南天竺全株有毒，若误食会产生全身兴奋、脉搏不稳、血压下降等症状。
功　用：优良观赏树种。

25. 豪猪刺

亚分类：小檗科小檗属。

别　名：石妹刺、三颗针。

拉丁名：*Berberis julianae*。

特　性：常绿灌木。老枝黄褐色或灰褐色，幼枝淡黄色，具条棱和稀疏黑色疣点；茎刺粗壮，三分叉，腹面具槽，与枝同色。叶革质，椭圆形、披针形或倒披针形，叶缘平展，每边具 10～20 个刺齿，花 10～25 朵簇生，花黄色，花期 3 月，果期 5—11 月，浆果长圆形，蓝黑色，被白粉。生于山地林缘、溪边灌丛中。

功　效：清热燥湿，泻火解毒。

5.3.9 木通科

26. 大血藤

亚分类：木通科大血藤属。

别　名：红皮藤、大活血。

拉丁名：*Sargentodoxa cuneata*。

特　性：落叶木质藤本，全株无毛。复叶三出，互生。花单性异株，辐射对称，花瓣 6 片，极小，花萼 6 片，花瓣状，花期 4—5 月，果期 6—9 月，果实为聚合果，由多个肉质小浆果组成。生于山坡疏林、溪边。

功　效：清热解毒，活血通络，祛风止痉。

27. 木通

亚分类：木通科木通属。
别　名：羊开口、野木瓜。
拉丁名：*Akebia quinata*。
特　性：落叶木质缠绕藤本。幼枝灰绿色，有纵纹。掌状复叶，簇生于短枝顶端，叶柄细长。夏季开紫色花，短总状花序腋生，果肉质，浆果状，长椭圆形，略呈肾形，两端圆，熟后紫色，柔软，沿腹缝线开裂，种子多数，长卵形而稍扁，黑色或黑褐色。生于林中或灌丛中。
功　效：清热利尿，通经活络，镇痛，排脓，通乳。

5.3.10 防己科

28. 金线吊乌龟

亚分类：防己科千金藤属。

别　名：扣子藤、盘花地不容。

拉丁名：*Setphania cepharantha*。

特　性：草质。落叶、无毛藤本，块根肥厚，扁圆形。叶互生，三角状阔卵形至近圆形。雄花序为小头状聚伞花序，花黄绿色，萼片 4～6 片，花期 6—7 月，果期 8—9 月，果球形，成熟后紫红色。多生于村边、林缘、石缝、石灰岩地区，以及旷野和石砾中。

功　用：块根可入药及酿酒。

29. 千金藤

亚分类：防己科千金藤属。

别　名：公老鼠藤、野桃草。

拉丁名：*Stephania japonica*。

特　性：多年生落叶藤本，全株无毛。叶互生，盾状着生，叶片阔卵形或卵圆形，基部近圆形或近平截，全缘，上面绿色，有光泽，下面粉白色，两面无毛，掌状脉。花小，单性，复伞形聚伞花序，花期6—7月，果期8—9月，核果近球形，红色。生长在路旁、沟边及山坡林下。

功　效：清热解毒，利尿消肿，祛风活络。

30. 木防己

亚分类：防己科木防己属。
拉丁名：*Cocculus orbiculatus*。
特　性：草质或近木质缠绕藤本。幼枝密生柔毛。叶片纸质至近革质，叶形状多变，卵形或卵状长圆形，全缘或微波状，有时3裂，基部圆或近截形，顶端渐尖、钝或微缺，有小短尖头，两面均有柔毛。聚伞花序少花，腋生，核果近球形，红色至紫红色。生于灌丛、村边、林缘等处。
功　效：祛风止痛，行水清肿，解毒，降血压。

5.3.11　罂粟科

31. 博落回

亚分类：罂粟科博落回属。

别　名：喇叭筒、喇叭竹。

拉丁名：*Macleaya cordata*。

特　性：多年生直立草本。茎圆柱形，中空，绿色，有时带红紫色，基部木质化，有乳黄色浆汁。单叶互生，阔卵形，5～7或9浅裂，裂片有不规则波状齿，上面绿色，光滑，下面白色，具密细毛，叶柄基部膨大而抱茎。圆锥花序顶生或腋生，白色，花期6—7月，果期8—11月，种子矩圆形，褐色而有光泽。生于山坡、路边及沟边。

功　效：消肿，解毒，杀虫。

32. 血水草

亚分类：罂粟科血水草属。
别　名：水黄连、广扁线。
拉丁名：*Eomecon chionantha*。
特　性：多年生草本。根状茎横生，折断后有鲜黄色汁液。叶全为基生叶，叶片大，落纸质，阔心形，边缘有波状齿，背面微有白霜。春季开花，花白色。朔果长圆形。生于海拔 1 400～1 800 米的林下、灌丛下或溪边、路旁。
功　效：清热解毒，活血止血。

33. 刻叶紫堇

亚分类：罂粟科紫堇属。

别　名：蜀堇、苔菜。

拉丁名：*Corydalis incisa*。

特　性：一年生灰绿色草本。基生叶具长柄，叶片近三角形，上面绿色，下面苍白色，一至二回羽状全裂，茎生叶与基生叶同形。总状花序疏具3～10朵花，花粉红色至紫红色，蒴果线形，下垂，具1列种子。生于海拔400～1 200米左右的丘陵、沟边或多石地。

功　效：全草药用，能清热解毒、止痒、收敛、固精、润肺、止咳。

34. 黄堇

亚分类：罂粟科紫堇属。
别　名：断肠草、粪桶草。
拉丁名：*Corydalis pallida*。
特　性：一年生草本。具恶臭。叶片轮廓三角形，二至三回羽状全裂。总状花序，花黄色，花期3—5月，果期6月，蒴果条形，种子黑色，扁球形，密生小凹点。生于墙脚边、石缝或山沟边湿草地。
功　效：杀虫，解毒，清热，利尿。

5.3.12　伯乐树科

35. 伯乐树

亚分类：伯乐树科伯乐树属。

别　名：钟萼木、山桃花。

拉丁名：*Bretschneidera sinensis*。

特　性：落叶乔木。小枝有心脏形叶痕。奇数羽状复叶互生，长圆形、窄卵形或窄倒卵形，不对称，基部楔形或近圆形，全缘，上面无毛，下面微被锈色短柔毛。总状花序顶生，花两性，辐射对称，粉红色。蒴果近球形，成熟时棕色，木质，种子近球形，橙红色。分布于沟谷、溪旁坡地。为中国特有树种、国家一级保护树种。

功　用：在研究被子植物系统发育方面有科学价值，也是优良的木材。

5.3.13 金缕梅科

36. 枫香

亚分类：金缕梅科枫香树属。

拉丁名：*Liquidambar formosana*。

特　性：落叶乔木。叶互生，轮廓宽卵形，掌状3裂，边缘有锯齿，掌状脉3～5条，托叶红色条形，早落。雄性短穗状花序常多个排成总状，雌性头状花序，头状果序圆球形，木质，种子多数，褐色，多角形或有窄翅。生于平地、低山的次生林。

功　效：祛风除湿，通络活血。

37. 檵木

亚分类：金缕梅科继木属。
别　名：白花檵木。
拉丁名：*Loropetalum chinense*。
特　性：灌木，有时为小乔木。多分枝，小枝有星毛。叶革质，卵形，上面略有粗毛或秃净，干后暗绿色，无光泽，下面被星毛，稍带灰白色。花两性，3～8 朵簇生，花白色，花期 3—4 月，蒴果木质，有星状毛，种子圆卵形，黑色。生于丘陵或荒山灌丛中。
功　效：解热止血、通经活络。

38. 红花檵木

亚分类：金缕梅科继木属。
别　名：红桎木、红檵花。
拉丁名：*Loropetalum chinense* var. *rubrum*。
特　性：常绿灌木或小乔木。树皮暗灰或浅灰褐色，多分枝，嫩枝红褐色，密被星状毛。叶革质互生，卵圆形或椭圆形，基部圆而偏斜，不对称，两面均有星状毛，全缘，暗红色。花瓣4枚，紫红色线形，花3～8朵簇生于小枝端，花期4—5月，果期8月，蒴果褐色，近卵形。
功　用：多栽培，供观赏。

39. 细柄蕈树

亚分类：金缕梅科蕈树属。
别　名：细柄阿丁枫、细叶枫。
拉丁名：*Altingia gracilipes*。
特　性：常绿乔木。叶革质，卵状披针形，基部宽楔形，全缘。花单性，雌雄同株，雄花无花被，排成穗状花序，生于枝顶，雌花排列成头状花序，有花 1～6 朵，无花瓣，单生或簇生枝顶，花期 4 月，果熟期 10 月下旬，果序头状，蒴果 5～6 个，木质。分布于浙江南部、福建及广东。
功　效：树皮里流出的树脂含有芳香性挥发油，可供药用及香料和定香之用。

5.3.14 悬铃木科

40. 二球悬铃木

亚分类：悬铃木科悬铃木属。
别　名：英国梧桐、槭叶悬铃木。
拉丁名：*Plantanus acerifolia*。
特　性：落叶大乔木。嫩枝密生灰黄色绒毛，老枝秃净，红褐色。叶阔卵形，中央裂片阔三角形。花通常4数，果枝有头状果序，常下垂，花期4—5月，果熟9—10月。
功　用：多栽培，为城市绿化树种、优良庭荫树和行道树。

5.3.15　榆科

41. 长序榆

亚分类： 榆科榆属。

拉丁名： *Ulmus elongata*。

特　性： 落叶乔木。小枝栗褐色，无毛，冬芽长卵圆形。叶互生，椭圆形至披针状椭圆形，基部楔形，微偏斜，边缘具向内弯曲的大重锯齿，下面幼时密被细柔毛，其后多少被毛或叶脉被毛。花两性，先叶开放，总状聚伞花序，下垂，花萼裂片 6 片，淡黄色，边缘有毛。花期 3—4 月，果期 4—5 月。翅果窄长，果核位于翅果中部，椭圆形。多生于疏林或林中开阔地。属国家保护濒危种。

功　用： 优良木材树种。

5.3.16 桑科

42. 构树

亚分类:	桑科构属。
别　名:	褚桃、构乳树。
拉丁名:	*Broussonetia papyrifera*。
特　性:	落叶乔木。树皮平滑,浅灰色或灰褐色,不易裂,全株含乳汁。单叶互生,有时近对生,叶卵圆至阔卵形,基部心形,两侧常不相等,边缘具粗锯齿,不分裂或3～5裂,疏生糙毛,基生叶脉三出,托叶大。花期4—5月,果期7—9月,椹果球形,熟时橙红色或鲜红色。常野生或栽于村庄附近的荒地、田园及沟旁。
功　效:	滋肾,清肝,明目,利尿。

43. 葎草

亚分类：桑科葎草属。

别　名：拉拉藤、牵牛藤。

拉丁名：*Humulus scandens*。

特　性：多年生或一年生蔓性草本。茎缠绕，具纵行棱角，茎、叶柄上具倒钩刺。叶具长柄，对生，叶片掌状 5～7 深裂，裂片卵圆形，边缘有锯齿，两面均具粗糙的毛。单性花，雌雄异株，雄花序圆锥形，浅黄绿色，雌花序穗状，聚花果绿色，近松球状，单个果为扁球状的瘦果。生于沟边、路旁或农田中。

功　效：清热解毒，利尿消肿。

44. 无花果

亚分类：桑科榕属。
别　名：映日果、奶浆果。
拉丁名：*Ficus carica*。
特　性：落叶小乔木。小枝粗壮，托叶包被幼芽，托叶脱落后在枝上留有极为明显的环状托叶痕。单叶互生，厚膜质，宽卵形或近球形，3～5 掌状深裂，少有不裂，边缘有波状齿，上面粗糙，下面有短毛。隐头花序托有短梗，单生于叶腋，花期 4—5 月，果自 6 月中旬至 10 月均可成花结果，聚花果梨形，熟时黑紫色，瘦果卵形，淡棕黄色。
功　效：主治痔疮、肿痛。

5.3.17 荨麻科

45. 赤车

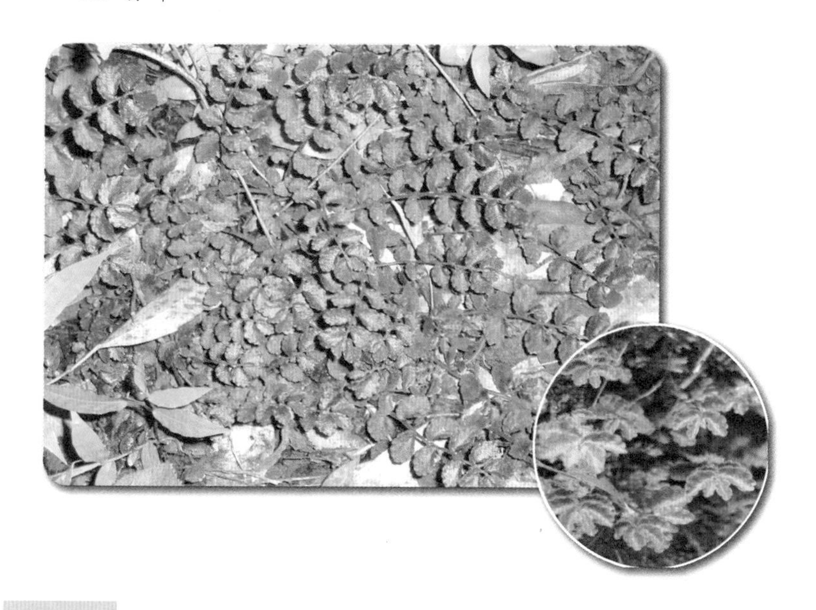

亚分类：荨麻科赤车属。

别 名：蒋草、心草。

拉丁名：*Pellionia radicans*。

特 性：多年生草本。茎多水汁，上部密生短伏毛。叶互生，叶片狭倒卵形或狭椭圆形，两边不等，边缘自基部以上具粗锯齿，基部斜楔形或偏心形，叶面生短硬毛，无柄，托叶早落。花单性同株，花黄绿色，花期 8—9 月，果期 9—10 月，瘦果细小。多生长在山谷沟边石上及林中灌丛。

功 效：清热除湿，活血散瘀，解毒消肿，利水消肿。

46. 糯米团

亚分类：荨麻科糯米团属。
别　名：糯米草、糯米藤。
拉丁名：*Gonostegia hirta*。
特　性：多年生草本。茎匍匐或倾斜，有柔毛。叶对生，长卵形成卵状披针形，表面密生点状钟乳体和散生柔毛，背面叶脉上有柔毛。花雌雄同株，形小，淡绿色，簇生于叶腋，花果期 7—9 月，瘦果卵形，黑色，完全为花被管所包裹。生于溪谷林下阴湿处、山麓水沟边。
功　效：健脾消食，清热利湿，解毒消肿。

5.3.18　胡桃科

47. 枫杨

亚分类：胡桃科枫杨属。

别　名：大叶柳、大叶头杨树。

拉丁名：*Pterocarya stenoptera*。

特　性：落叶乔木。小枝灰色至暗褐色，具灰黄色皮孔，芽具柄，密被锈褐色盾状着生的腺体。叶多为偶数或稀奇数羽状复叶，条形或阔条形，具近于平行的脉。花期4—5月，果熟期8—9月，果实长椭圆形，基部常有宿存的星芒状毛，果翅狭。生于沿溪涧河滩、阴湿山坡地的林中。

功　效：祛风止痛，杀虫，敛疮。

5.3.10 壳斗科

48. 短尾柯

亚分类：壳斗科柯属。
别　名：东南石栎、岭南柯。
拉丁名：*Lithocarpus brevicaudatus*。
特　性：乔木。小枝有纵沟槽，无毛。叶长椭圆形至长椭圆状披针形，基部楔形，稍偏斜，全缘，两面同色，无毛。壳斗浅碗形或碟形，壁薄，被淡黄色柔毛，苞片三角形或卵状三角形，背部脊状隆起，贴生于壳斗。坚果圆锥状宽卵形，无毛，顶部尖削，果脐内凹。果熟期10月。生于海拔1 300～1 500米混交林中。
功　用：木材坚硬，耐磨损。

49. 栗

亚分类：	壳斗科栗属。
别　名：	栗子、风栗。
拉丁名：	*Castanea mollissima*。
特　性：	落叶乔木。小枝有短毛或散生长绒毛。叶互生，排成2列，卵状椭圆形至长椭圆状披针形，基部圆形或宽楔形，边缘有锯齿，下面有灰白色星状短绒毛，托叶早落。花单性，雌雄同株，雄花3～5朵聚生成簇，雌花1～3(5)朵发育结实。花期5月，果期8—10月，成熟壳斗密生锐刺，内藏坚果2～3个，成熟时裂为4瓣，坚果半球形或扁球形，暗褐色。多见于山地。
功　效：	板栗有健脾养胃、补肾强筋、活血止血之功效。

5.3.20 石竹科

50. 石竹

亚分类： 石竹科石竹属。

别　名： 洛阳花、石柱花。

拉丁名： *Dianthus chinensis*。

特　性： 多年生草本植物。茎直立，有节，多分枝。叶对生，条形或线状披针形。花瓣阳面中下部组成黑色美丽环纹，盛开时瓣面如碟，闪着绒光，绚丽多彩，花期5—9月，果期8—10月，种子扁卵形，灰黑色，边缘有狭翅。生于山地、田边或路旁。

功　效： 利尿通淋，破血通经。

51. 鹅肠菜

亚分类：石竹科鹅肠菜属。

别 名：鹅肠草、牛繁缕。

拉丁名：*Myosoton aquaticum*。

特 性：一年或两年生草本。匍匐茎纤细平卧。单叶对生，卵形，基部圆形。二歧聚伞花序顶生，花白色，花期2—5月，果期5—6月，蒴果卵形，先端6裂，种子多数，黑褐色，表面密生疣状小突点。多生于阴湿的耕地上。

功 效：清血解毒，利尿，下乳汁。

5.3.21 商陆科

52. 美洲商陆

亚分类：商陆科商陆属。

别　名：美国商陆、十蕊商陆、垂序商陆。

拉丁名：*Phytolacca Americana*。

特　性：多年生草本。根肥大，倒圆锥形，茎直立或披散，圆柱形，有时带紫红色。叶大，长椭圆形或卵状椭圆形，质柔嫩。总状花序顶生或侧生，花白色，微带红晕，夏秋季开花，果实扁球形，多汁液，熟时紫黑色，果实一串串地下垂。多生于疏林下、林缘、路旁、山沟等湿润的地方。

功　效：止咳，利尿，消肿。

5.3.22 紫茉莉科

53. 紫茉莉

亚分类：紫茉莉科紫茉莉属。
别　名：粉豆花、夜饭花。
拉丁名：*Mirabilis jalapa*。
特　性：多年生草本。主茎直立，具膨大的节，多分枝而开展。单叶对生，卵状或卵状三角形，全缘。花顶生，总苞内仅1朵花，无花瓣，花萼呈花瓣状，喇叭形，花有紫红色、黄色、白色或杂色，花期6—10月，果期8—11月，瘦果球形，黑色，具纵棱和网状纹理，形似地雷状。生长在田边、路旁、庭院。
功　效：利尿，泻热，活血散瘀。

54. 叶子花

亚分类：紫茉莉科叶子花属。
别　名：三角花、三角梅。
拉丁名：*Bougainvillea spectabilis*。
特　性：藤状灌木。枝、叶密生柔毛，刺腋生，下弯。叶片椭圆形或卵形，基部圆形，有柄。花序腋生或顶生，花很细小，黄绿色，3 朵聚生于 3 片红苞中，外围的红苞片大而美丽，有鲜红色、橙黄色、紫红色、乳白色等，容易被误认为是花瓣。花期冬春间。多栽培。
功　效：解毒清热，调和气血。

5.3.23　苋科

55. 刺苋

亚分类：	苋科苋属。
别　名：	勒苋菜。
拉丁名：	*Amaranthus spinosus*。
特　性：	多年生直立草本。茎有时呈红色。叶互生，叶柄旁有2刺，叶片卵状披针形或菱状卵形，基部楔形，全缘或微波状，先端有细刺。圆锥花序腋生及顶生，花单性，花小，绿色，花期5—9月，果期8—11月，胞果长圆形，种子近球形，黑色带棕黑色。野生于荒地或园圃地。
功　效：	清热解毒，利尿，止痛。

56. 空心莲子草

亚分类：苋科莲子草属。

别　名：水花生、喜旱莲子草。

拉丁名：*Alternanthera philoxeroides*。

特　性：多年生草本。茎基部匍匐，管状，不明显4棱，具分枝，幼茎及叶腋有白色或锈色柔毛，茎老时无毛。叶片矩圆形、矩圆状倒卵形或倒卵状披针形。花密生，成具总花梗的头状花序，单生在叶腋，球形，苞片白色卵形，花被片矩圆形，雄蕊花丝基部连合，子房倒卵形。多生长于池沼和水沟内。

功　效：清热，凉血，解毒。

57. 苋菜

亚分类：苋科苋属。

别　名：雁来红、老少年。

拉丁名：*Amaranthus tricolor*。

特　性：一年生草本。茎粗壮，绿色或红色，常分枝，幼时有毛或无毛。叶片卵形、菱状卵形或披针形，绿色或常成红色，顶端圆钝或尖凹，具凸尖，基部楔形，全缘或波状缘，无毛。花簇腋生，绿色或黄绿色，花期5—8月，果期7—9月，胞果卵状矩圆形，种子近圆形或倒卵形，黑色或黑棕色，边缘钝。全国各地均有栽培，有时亦为半野生。

功　用：苋菜茎叶作为蔬菜食用。

58. 青葙

亚分类：苋科青葙属。

别　名：野鸡冠花、鸡冠花。

拉丁名：*Celosia argentea*。

特　性：一年生草本。全体无毛，茎直立，有分枝，绿色或红色，具明显条纹。叶片矩圆披针形、披针形或披针状条形，少数卵状矩圆形，绿色常带红色，顶端急尖或渐尖，具小芒尖，基部渐狭。子房有短柄，花柱紫色，花期5—8月，果期6—10月，胞果卵形，包裹在宿存花被片内，种子凸透镜状肾形。为旱田杂草。

功　效：全草有清热利湿之效。

5.3.24　蓼科

59. 杠板归

亚分类：蓼科蓼属。
别　名：河白草、贯叶蓼。
拉丁名：*Polygonum perfoliatum*。
特　性：一年生攀援草本。茎具纵棱，沿棱疏生倒刺。叶三角形，先端钝或微尖，基部近平截，下面沿叶脉疏生皮刺，托叶鞘叶状。花序短穗状，顶生或腋生，花被 5 深裂，白绿色，花被片椭圆形，花期 6—8 月，果期 7—10 月，瘦果球形，成熟时黑色。生于田边、路旁、山谷湿地。
功　效：清热解毒，利尿消肿。

60. 荞麦

亚分类：蓼科荞麦属。
别　名：开金锁、苦荞头。
拉丁名：*Fagopyrum esculentum*。
特　性：多年生草本。全体微被白色柔毛，茎纤细，多分枝，具棱槽，淡绿微带红色。单叶互生，叶片戟状三角形，托鞘抱茎。聚伞花序顶生或腋生，花期9—10月，果期10—11月，瘦果呈卵状三棱形，红褐色。生于河滩、水沟边、山谷湿地。
功　效：清热解毒，活血散淤，健脾利湿。

61. 虎杖

亚分类：蓼科蓼属。
别　名：假川七、土川七。
拉丁名：*Polygonum Cuspidatum*。
特　性：多年生草本。茎有节且中空。叶宽卵形或卵状椭圆形，近革质，基部宽楔形、截形或近圆形，边缘全缘，疏生小突起，两面无毛，叶柄具小突起，托叶鞘膜质。花单性，雌雄异株，花序圆锥状，腋生，淡绿色，花期8—9月，果期9—10月，瘦果卵形，具3棱，黑褐色，有光泽，包于宿存花被内。生于山谷溪边。
功　效：活血散瘀，祛风通络，清热利湿，解毒。

62. 红蓼

亚分类：蓼科蓼属。

别　名：荭草、大红蓼。

拉丁名：*Polygonum orientale*。

特　性：多年生宿根草本。叶宽卵形、宽椭圆形或卵状披针形，顶端渐尖，基部圆形或近心形，微下延，边缘全缘，密生缘毛，两面密生短柔毛，叶脉上密生长柔毛，托叶鞘筒状，膜质，通常沿顶端具草质、绿色的翅。总状花序顶生或腋生，下垂，初秋开淡红色或玫瑰红色小花，花期6—9月，果期8—10月，瘦果近圆形，双凹，黑褐色，有光泽，包于宿存花被内。生于沟边湿地、村边路旁。

功　效：活血，止痛，消积，利尿。

63. 戟叶蓼

亚分类：蓼科蓼属。

别　名：水麻芍、苦荞麦。

拉丁名：*Polygonum thunbergii*。

特　性：一年生草本。茎直立或上升，四棱形，沿棱有倒生刺，下部有时伏卧，具细长的匍匐枝。托叶鞘斜圆筒形，叶柄具狭翅及刺毛，茎上部叶近无柄，茎中部叶卵形。花序顶生或腋生，聚伞状花序，花白色或淡红色，花期 7—8 月，果期 8—9 月，坚果卵圆状三棱形，黄褐色，平滑，外被宿存的花被。生于湿草地及水边、山坡林下或路边。

功　效：清热解毒，止泻。

64. 尼泊尔蓼

亚分类：蓼科蓼属。
拉丁名：*Polygonum nepalense*。
特　性：多年生草本。全株有倒刺，茎蔓延或半直立，四棱，带红色。单叶互生，叶片窄椭圆形至披针形，基部箭形，无毛，叶柄及叶背中脉上有倒钩刺，托叶鞘膜质，三角卵形。花序头状，顶生或腋生，花药暗紫色，花期 5—8 月，果期 7—10 月，瘦果宽卵形，双凸镜状，黑色，密生洼点，无光泽，包于宿存花被内。生于菜地、玉米地及水边、田边、路旁湿地或林下。
功　用：优等牧草。

65. 水蓼

亚分类：	蓼科蓼属。
别　名：	辣蓼、蔷蓼。
拉丁名：	*Polygonum hydropiper*。
特　性：	一年生草本。茎直立，多分枝，无毛，节部膨大。叶披针形或椭圆状披针形，顶端渐尖，基部楔形，边缘全缘，具缘毛，两面无毛，被褐色小点，具辛辣味。总状花序呈穗状，顶生或腋生，通常下垂，花稀疏，花期 7—8 月，瘦果卵形，扁平，表面有小点，黑色无光，包在宿存的花被内。生于河滩、水沟边、山谷湿地。
功　效：	祛风利湿，散瘀止痛，解毒消肿，杀虫止痒。

5.3.25 山茶科

66. 木荷

亚分类：山茶科木荷属。
别　名：木艾树、何树。
拉丁名：*Schima superba*。
特　性：大乔木。叶革质或薄革质，椭圆形，边缘有钝齿。花生于枝顶叶腋，常多朵排成总状花序，白色，花期 6—8 月，蒴果。生于海拔 900～2 800 米的阔叶林中。
功　效：清热解毒，治疗疮和无名肿毒。

67. 紫茎

亚分类：山茶科紫茎属。
别　名：天目紫茎。
拉丁名：*Stewartia sinensis*。
特　性：落叶灌木或小乔木。树皮红褐色或黄褐色，平滑，呈片状剥落，小枝红褐色或灰褐色。叶互生，纸质，椭圆形或长圆状椭圆形，叶柄带紫红色。花单朵腋生，花期 6—7 月，果期 9—10 月，白色蒴果圆球形或近卵圆形至圆锥形，种子长圆形，亮褐色。生于海拔 600～1 900 米林缘。
功　用：种子榨油可食用或制皂和润滑油。

68. 浙江红山茶

亚分类： 山茶科山茶属。

别　名： 浙江红花油茶。

拉丁名： *Camellia chekiangoleosa*。

特　性： 常绿小乔木。叶长椭圆形，两面光滑无毛，边缘疏生短锯齿。花芽单生顶枝，花艳红色，2 月中旬至 3 月下旬开放，9 月中旬果熟，蒴果皮木质，多为红色，球形或桃型。海拔 600～800 米的山地种植。

功　用： 种子供榨油。

69. 山茶

亚分类：山茶科山茶属。
别　名：海石榴、薮春。
拉丁名：*Camellia japonica*。
特　性：常绿阔叶灌木。小枝呈绿色、绿紫色、紫色至紫褐色。叶片革质，互生，呈椭圆形、长椭圆形、卵形至倒卵形，边缘有锯齿，花大，花朵有从红到白、从单瓣到完全重瓣的各种组合，花期2—4月，蒴果扁球状，表面有毛，种子淡褐色或黑褐色，富含油质。生于温暖湿润、通风透光的地方。
功　用：观赏植物。

70. 茶梅

亚分类：山茶科山茶属。

别　名：玉茗、海红。

拉丁名：*Camellia sasanqua*。

特　性：小乔木，嫩枝有毛。叶革质，椭圆形，基部楔形，有时略圆，上面干后深绿色，发亮，下面褐绿色，无毛，边缘有细锯齿，叶柄稍被残毛。花大小不一，花瓣6～7片，阔倒卵形，近离生，红色，被柔毛，蒴果球形，种子褐色，无毛。生于山腰、泥土、灌丛、路旁。观赏价值高。

功　用：园林绿化观赏树种。

5.3.26 猕猴桃科

71. 中华猕猴桃

亚分类：猕猴桃科猕猴桃属。

别　名：奇异果、狐狸桃。

拉丁名：*Actinidia chinensis*。

特　性：雌雄异株的大型落叶木质藤本植物。叶为纸质，无托叶，倒阔卵形至倒卵形或阔卵形至近圆形，叶柄被灰白色茸毛或黄褐色长硬毛或铁锈色硬毛状刺毛。花为聚伞花序，花开时乳白色，后变淡黄色，有香气，花瓣5片，两面密被压紧的黄褐色绒毛，单生或数朵生于叶腋，浆果卵形成长圆形，密被黄棕色柔毛。生于山坡林缘或灌丛中。

功　用：猕猴桃可食用。

5.3.27 藤黄科

72. 小连翘

亚分类:	藤黄科金丝桃属。
别　名:	七层兰、奶浆草。
拉丁名:	*Hypericum erectum*。
特　性:	多年生草本。叶对生,无柄,狭长椭圆形、倒卵形或卵状椭圆形,先端钝,全缘,基部钝形,半抱茎,上面散布黑色油点。聚伞花序顶生或腋生,花瓣5片,椭圆形,浓黄色,花期8月,果期10月,蒴果卵形,种子细小,具细网纹。生长于山坡草丛或山野较阴湿处。
功　效:	解毒消肿,活血止血。

73. 元宝草

亚分类：藤黄科金丝桃属。

别　名：对叶草、叶抱枝。

拉丁名：*Hypericum sampsonii*。

特　性：多年生草本。全株无毛，茎单一，圆柱形，上部分枝。叶对生，无柄，其基部完全合生为一体而茎贯穿其中心，叶片有透明腺点，长椭圆形，顶端钝尖，全缘，表面绿色，背面灰绿色。花顶生、单生或成聚伞花序，花瓣淡黄色，雄蕊 3 束，宿存，花果期 6—8 月，蒴果卵圆形。多生于坡地、路边杂草丛中。

功　效：能治肺病、百日咳，祛风湿，止咳，治腰痛。

5.3.28　锦葵科

74. 木槿

亚分类：锦葵科木槿属。
别　名：木棉、荆条。
拉丁名：*Hibiscus syriacus*。
特　性：落叶灌木。小枝密被黄色星状绒毛。叶菱形至三角状卵形，具深浅不同的3裂或不裂，先端钝，基部楔形，边缘具不整齐齿缺，下面沿叶脉微被毛或近无毛。花单生于枝端叶腋间，花萼钟形，密被星状短绒毛，有纯白、淡粉红、淡紫、紫红等，花期7—10月，蒴果卵圆形，密被黄色星状绒毛，种子肾形。
功　用：在园林中可作为花篱式绿篱，孤植和丛植均可。

75. 木芙蓉

亚分类：锦葵科木槿属。

别　名：芙蓉花、拒霜花。

拉丁名：*Hibiscus mutabilis*。

特　性：落叶灌木或小乔木，小枝、叶柄、花梗和花萼均密被星状毛。叶宽卵形至圆卵形或心形，常5～7裂，裂片三角形，先端渐尖，具钝圆锯齿，上面疏被星状细毛和点，下面密被星状细绒毛，托叶披针形，常早落。花单生于枝端叶腋间，花初开时白色或淡红色，后变深红色，花期10月，蒴果扁球形，种子肾形。

功　效：常见栽培，有清热解毒、消肿排脓、凉血止血之效。

5.3.29 杜英科

76. 猴欢喜

亚分类：杜英科猴欢喜属。
拉丁名：*Sloanea sinensis*。
特　性：乔木。叶薄革质，形状及大小多变，通常为长圆形或狭窄倒卵形，基部楔形，或收窄而略圆，有时为圆形，亦有披针形，通常全缘，有时上半部有数个疏锯齿。花多朵簇生于枝顶叶腋，花瓣 4 片，白色，花期 9—11 月，果期翌年 6—7 月成熟，蒴果木质，外被细长刺毛，卵形，5～6 瓣裂，熟时红色，种子黑色，有光泽，有黄色假种皮。生长于海拔 700～1 000 米的常绿林里。
功　用：观果类植物。

5.3.30 梧桐科

77. 密花梭罗

亚分类：梧桐科梭罗树属。
拉丁名：*Reevesia pycnantha*。
特　性：乔木。叶片倒卵状长圆形，纸质。花序聚伞圆锥状，有多花，被红棕色星状微柔毛，花浅黄色，花瓣 5 片，长匙形，花期 5—7 月，蒴果椭圆形或梨形，种子有翅，为圆形、镰刀形或长圆状椭圆形。生于村边杂木林中和林缘。
功　用：树皮可制造绳索、造纸。

78. 梧桐

亚分类：梧桐科梧桐属。

别　名：青皮梧桐。

拉丁名：*Firmiana platanifolia*。

特　性：落叶端直乔木。单叶互生，叶形宽圆掌状深裂。花单性或杂性同株，顶生圆锥花序，花有花萼，无花瓣，密被淡黄色柔毛，花期6—7月，果熟9—10月，蓇葖果，具柄，果皮薄革质，果实成熟之前心皮先行开裂，裂瓣呈舟形，种子球形，棕黄色，径约6毫米，具皱纹，着生于心皮边缘。

功　用：适于草坪、庭院、宅前、坡地孤植或丛植；能补气养阴、明目平肝、乌须发。

5.3.31　堇菜科

79. 光蔓茎堇菜

亚分类：堇菜科堇菜属。

拉丁名：*Viola diffusoides*。

特　性：草本。全株被白色长毛。基生叶莲座状，茎基生出数枚匍匐枝，匍匐枝上的叶聚生枝端。春夏季开出白色或浅紫色小花，花瓣5片，有距。多见于沟边、林下或草丛中。

功　效：药用，消肿排脓，清热化痰。

80. 紫花地丁

亚分类：堇菜科堇菜属。
别　名：野堇菜、光瓣堇菜。
拉丁名：*Viola philippica*。
特　性：多年生草本。无地上茎。叶片下部呈三角状卵形或狭卵形，上部者较长，呈长圆形、狭卵状披针形或长圆状卵形。花中等大，紫色或淡紫色，稀呈白色，喉部色较淡并带有紫色条纹，花果期4月中下旬至9月，蒴果长圆形，种子卵球形，淡黄色。生于田间、荒地、山坡草丛、林缘或灌丛中。
功　效：清热解毒。

5.3.32　杨柳科

81. 垂柳

亚分类：杨柳科柳属。

别　名：垂杨柳、清明柳。

拉丁名：*Salix babylonica*。

特　性：落叶大乔木。枝条细长而低垂，褐绿色，无毛，冬芽线形，密着于枝条。叶互生，线状披针形，两端尖削，边缘具有腺状小锯齿，表面浓绿色，背面为绿灰白色，两面均平滑无毛，具有托叶。花开于叶后，葇荑花序，果实为蒴果，成熟后2瓣裂，内藏种子多枚，种子上具有一丛绵毛。插枝繁殖。生于水池或溪流边。

功　效：具散风、扶湿、清湿热等功效。

82. 银叶柳

亚分类:	杨柳科柳属。
别　名:	小叶杨柳、白水杨柳。
拉丁名:	*Salix chienii*。
特　性:	灌木或小乔木。叶长椭圆形、披针形或倒披针形,幼叶两面有绢状柔毛,成叶上面绿色,无毛或有疏毛,下面苍白色,有绢状毛,边缘具细腺锯齿。花序与叶同时开放或稍先叶开放,圆柱状,花期 4 月,果期 5 月,蒴果卵状长圆形。多生在溪流两岸旁的灌木丛中。
功　效:	主治感冒发热、咽喉肿痛、皮肤瘙痒。

5.3.33　十字花科

83. 萝卜

亚分类：十字花科萝卜属。

别　名：莱菔、菜头。

拉丁名：*Raphanus sativus*。

特　性：一、二年生草本。根肉质，长圆形、球形或圆锥形，根皮红色、绿色、白色、粉红色或紫色。茎直立，粗壮，圆柱形，中空，自基部分枝，通常大头羽状分裂，被粗毛。侧裂片1～3对，边缘有锯齿或缺刻，茎中向上渐变小，不裂或稍分裂，不抱茎。总状花序，顶生及腋生，花淡粉红色或白色，长角果，不开裂，近圆锥形，直或稍弯，种子间缢缩成串珠状，先端具长喙，种子1～6粒，红褐色，圆形，有细网纹。原产我国，各地均有栽培。

功　用：萝卜根作蔬菜食用。

5.3.34 山柑科

84. 黄花草

亚分类：山柑科白花菜属。
别　名：臭矢菜、向天黄。
拉丁名：*Cleome viscosa*。
特　性：一年生直立草本。全株密被黏质腺毛与淡黄色柔毛。叶为具3～5(或7)片小叶的掌状复叶。花通常单生于茎上部叶腋，花瓣4片，淡黄色或橘黄色，果似羊角，长圆柱形，密被腺毛，无明显的花果期，通常3月出苗，7月果熟。多见于荒地、路旁及田野间。
功　用：可食用蔬菜。

85. 无毛黄花草

亚分类：山柑科白花菜属。

拉丁名：*Cleome viscosa* var. *deglabrata*。

特　性：一年生直立草本。叶为具3～5(或7)片小叶的掌状复叶。花通常单生于茎上部叶腋，花瓣4片，淡黄色或橘黄色，果似羊角，长圆柱形，密被腺毛，无明显的花果期，通常3月出苗，7月果熟。与黄花草的区别在于植株全体光滑无毛，不具特殊气味，子房与果实均无毛。多见于荒地、路旁及田野间。

功　用：可食用蔬菜。

5.3.35 景天科

86. 垂盆草

亚分类：景天科景天属。

别　名：佛指甲、半支莲。

拉丁名：*Sedum sarmentosum*。

特　性：多肉植物。茎匍匐，易生根，不育枝及花茎细，匍匐而节上生根，直到花序。3叶轮生，叶倒披针形至长圆形。聚伞花序，有3～5分枝，花少，花瓣5片，黄色，花期5—7月，果期8月，种子卵形。生长在山坡岩石石隙、山沟边、河边湿润处。

功　效：清热解毒，消肿利尿，排脓生肌。

87. 珠芽景天

亚分类：景天科景天属。

拉丁名：*Sedum bulbiferum*。

特　性：一年生草本。根须状，茎细弱，直立或倾斜，着地部分节节生根。叶互生或在茎上对生，匙状长圆形或倒卵形，顶端尖或钝，基部渐狭，有短距，上部常有乳头状突起，腋间常有小球形珠芽。花无梗，顶生疏散的聚伞花序，花瓣5片，黄色，花期4—5月，种子长圆形，无翅，表面有乳头状突起。生于山坡沟边阴湿处。

功　效：消炎解毒，散寒理气。

5.3.36 虎耳草科

88. 虎耳草

亚分类：虎耳草科虎耳草属。

别　名：石荷叶、老虎耳。

拉丁名：*Saxifraga stolonifera*。

特　性：多年生小草本。冬不枯萎。根纤细，匍匐茎细长，紫红色，有时生出叶与不定根。叶基生，通常数片，叶片肉质，圆形或肾形，边缘有浅裂片和不规则细锯齿，上面绿色，常有白色斑纹，下面紫红色，两面被柔毛。圆锥状花序，花瓣5片，白色或粉红色，下方2瓣特长，椭圆状披针形，花期5—8月，果期7—11月，蒴果卵圆形，先端2深裂，呈喙状。分布极广，几遍全球，主产温带。

功　效：疏风，清热，凉血解毒。

5.3.37　蔷薇科

89. 白娟梅

亚分类：蔷薇科白鹃梅属。

别　名：茧子花、金瓜果。

拉丁名：*Exochorda racemosa*。

特　性：灌木。全株无毛。叶椭圆形或倒卵状椭圆形，全缘或上部有疏齿，先端钝或具短尖，背面粉蓝色。花白色，6～10 朵成总状花序，花期 4—5 月，果期 9 月成熟，蒴果具 5 棱，蒴果倒卵形。生长于陡峭的山坡，海拔 800 米以上。

功　用：其木质坚硬，芯呈红色，经常用来做工艺品。

90. 金樱子

亚分类：蔷薇科蔷薇属。
别　名：糖罐子、黄茶瓶。
拉丁名：*Rosa laevigata*。
特　性：落叶灌木。茎直立或上部披散，多分枝，稍呈折曲状，上有成对的皮刺。单数羽状复叶互生，叶柄、叶轴及小叶中脉疏生小刺，小叶 7～15 片，椭圆形至椭圆状矩圆形，边缘有细锯齿，无毛，小叶近无柄。初夏开花，花 1～2 朵生短枝上，花瓣白色，宽倒卵形，蔷薇果扁球形，熟后黄色，外面密生皮刺。生于山坡、路旁、村边及灌丛中。
功　效：健胃，消食，滋补，止泻。

91. 石斑木

亚分类：蔷薇科石斑木属。
别　名：雷公树、车轮梅。
拉丁名：*Rhaphiolepis indica*。
特　性：常绿灌木。小枝幼时有毛。叶互生，革质，卵形或矩圆形，边缘有细钝锯齿，具叶柄。总状花序或圆锥花序，花梗密生锈生绒毛，花白色或淡红色，花期4月，果期7—8月，梨果球形，紫黑色。生于山坡、路边或溪边灌木林中。
功　用：果实可食；根入药，治跌打损伤。

92. 红腺悬钩子

亚分类：蔷薇科悬钩子属。
别　名：马泡、红刺苔。
拉丁名：*Rubus sumatranus*。
特　性：直立或攀援灌木。小枝、叶轴、叶柄、花梗和花序均被紫红色腺毛、柔毛和皮刺。小叶 5～7 片，稀 3 片，卵状披针形至披针形，两面疏生柔毛，下面沿中脉有小皮刺，边缘具不整齐的尖锐锯齿，托叶披针形或线状披针形，有柔毛和腺毛。花 3 朵或数朵成伞房状花序，花瓣长倒卵形或匙状，白色，花期 4—6 月，果期 7—8 月，果实长圆形，橘红色，无毛。生于山地、山谷疏密林内、林缘、灌丛内、竹林下及草丛中。
功　效：根可入药，有清热、解毒、利尿之效。

93. 粉花绣线菊

亚分类：蔷薇科绣线菊属。
别　名：蚂蟥梢、日本绣线菊。
拉丁名：*Spiraea japonica*。
特　性：直立灌木，高可达 1.5 米。枝条开展细长，圆柱形，冬芽卵形。叶片卵形至卵状椭圆形，上面暗绿色，下面色浅或有白霜，通常沿叶脉有短柔毛。复伞房花序，花朵密集，密被短柔毛，苞片披针形至线状披针形，萼筒钟状，萼片三角形，花瓣卵形至圆形，粉红色，花盘圆环形，花期 6—7 月，果期 8—9 月，蓇葖果半开张，花柱顶生，有时 2 次开花。原产中国。
功　用：生态适应性强，花繁叶密，具有观赏价值，可作绿化植物，广泛应用于各种绿地，可作地被观花植物、花篱、花境。

94. 绣球绣线菊

亚分类：蔷薇科绣线菊属。

拉丁名：*Spiraea blumei*。

特　性：灌木。小枝细，开张，稍弯曲，深红褐色或暗灰褐色。叶片菱状卵形至倒卵形，先端圆钝或微尖，基部楔形，边缘自近中部以上有少数圆钝缺刻状锯齿或3～5浅裂，下面浅蓝绿色，基部具有不显明的3脉或羽状脉。伞形花序有总梗，无毛，具花10～25朵，花瓣宽倒卵形，白色，花期4—6月，果期8—10月，蓇葖果较直立，无毛。生于海拔1 800～2 200米的半阴坡。

功　用：园林绿化中优良的观花观叶树种。

95. 湖北海棠

亚分类：蔷薇科苹果属。
拉丁名：*Malus hupehensis*。
特　性：落叶小乔木。单叶互生，叶片卵形，基部宽楔形，缘具细锐锯齿，羽脉 5～6 对，托叶条状披针形，早落。伞房花序，具花 4～6 朵，蕾时粉红，开后粉白，花期 4—5 月，果期 8—9 月，果实椭圆形或近球形，黄绿色稍带红晕。生于山坡或山谷丛林中。
功　效：消积化滞，和胃健脾。

96. 垂丝海棠

亚分类：	蔷薇科苹果属。
拉丁名：	*Malus halliana* 。
特　性：	落叶小乔木。小枝细弱，微弯曲，圆柱形，最初有毛，不久脱落，紫色或紫褐色，冬芽卵形，紫色。叶片卵形或椭圆形至长椭卵形，边缘有圆钝细锯齿，托叶小，膜质，披针形，内面有毛，早落。伞房花序，具花 4～6 朵，花瓣倒卵形，粉红色，花期 3—4 月，果期 9—10 月，果实梨形或倒卵形，略带紫色，成熟很迟。生于山坡丛林中或山溪边。
功　用：	可入药，主治血崩。

97. 福建山樱花

亚分类：	蔷薇科樱属。
别　名：	山樱花、山樱桃。
拉丁名：	*Cerasus campanulata*。
特　性：	落叶乔木。树冠卵圆形至圆形。单叶互生，具腺状锯齿，花单生枝顶或3～6簇生呈伞形或伞房状花序，与叶同时生出或先叶后花，萼筒钟状或筒状，栽培品种多为重瓣，花期2—3月，果期5—6月成熟，果红色或黑色。
功　用：	被广泛用于绿化道路、小区、公园、庭院、河堤等，绿化效果明显。

98. 东京樱花

亚分类：蔷薇科樱属。
别　名：日本晚樱、青肤樱。
拉丁名：*Cerasus yedoensis*。
特　性：落叶乔木。树皮紫褐色，平滑有光泽，有横纹。叶互生，椭圆形或倒卵状椭圆形，边缘有芒齿，先端尖而有腺体，表面深绿色，有光泽，背面稍淡。托叶披针状线形，边缘细裂呈锯齿状，裂端有腺。花每支三五朵，成伞状花序，花瓣先端有缺刻，白色、红色。花于3月与叶同放或叶后开花，核果球形，7月成熟初呈红色，后变紫褐色。
功　用：可孤植或丛植于公园或庭园中，供观赏。

5.3.38 海桐花科

99. 海金子

亚分类：海桐花科海桐花属。

别　名：崖花海桐、崖花子。

拉丁名：*Pittosporum illicioides*。

特　性：常绿灌木，高达5米，嫩枝无毛，老枝有皮孔。叶生于枝顶，3～8片簇生，呈假轮生状，薄革质，倒卵状披针形或倒披针形，先端渐尖，基部窄楔形，常向下延，上面深绿色，下面浅绿色，无毛；侧脉6～8对。伞形花序顶生，有花2～10朵，花淡黄色，花期5月，果期10月，蒴果近圆形，多少三角形，或有纵沟3条。

功　效：解毒，利湿，活血，消肿；治蛇咬伤、关节疼痛等。

100. 海桐

亚分类：海桐花科海桐花属。
别　名：海桐花、山矾。
拉丁名：*Pittosporum tobira*。
特　性：常绿乔木或灌木。秃净或被毛，偶或有刺。叶互生或偶为对生，多数革质，全缘，稀有齿或分裂，无托叶。花有香气，白色或带淡黄绿色，花期3—5月，果期9—10月，蒴果沿腹缝裂开，或为浆果，种子多数，多角形，红色，有黏液。
功　用：多栽培，供观赏。

5.3.39　豆科

101. 车轴草

亚分类：豆科车轴草属。

别　名：三叶草、幸运草。

拉丁名：*Trifolium repens*。

特　性：多年生草本。茎匍匐蔓生，上部稍上升，节上生根，全株无毛。掌状三出复叶，小叶倒卵形至近圆形，托叶卵状披针形，膜质，基部抱茎成鞘状，离生部分锐尖。花序球形，顶生，花冠白色、乳黄色或淡红色，具香气，花果期 5—10 月，荚果长圆形，种子通常 3 粒，种子阔卵形。生于山地林中或灌丛。

功　效：清热，凉血。

102. 葛

亚分类：豆科葛属。
别　名：葛花藤。
拉丁名：*Pueraria lobata*。
特　性：多年生草质藤本。块根肥厚，全株有黄色长硬毛。小叶3片，顶生小叶菱状宽卵形，两侧的两片小叶宽卵形，基部斜形，各小叶下面有粉霜，两面被白色状长硬毛，托叶盾形，小托叶针状。总状花序腋生，花蓝紫色或紫色，蝶形花冠，花期7—8月，果期8—10月，荚果条形，扁平。广泛分布于山涧、树林丛中。
功　效：解热镇痛，平肝熄风，清解热毒。

103. 龙爪槐

亚分类：豆科槐属。
别　名：槐树、细叶槐。
拉丁名：*Sophora japonica Linn*. var. *japonica* f. *pendula*。
特　性：落叶乔木。奇数羽状复叶，小叶 7~15 片，卵状长圆形，托叶镰刀形，早落。圆锥花序顶生，花乳白色，花期 7—8 月，果期 8—10 月，荚果肉质，念珠状不开裂，黄绿色，无毛，种子卵球形，淡黄绿色。多栽培。
功　效：有清凉收敛、止血降压、清热解毒的作用。

104. 鸡眼草

亚分类：豆科鸡眼草属。
别　名：掐不齐、牛黄黄。
拉丁名：*Kummerowia striata*。
特　性：一年生草本植物。披散或平卧，多分枝，茎和枝上被倒生的白色细毛。叶为三出羽状复叶，具条纹，有缘毛，叶柄极短，小叶纸质，全缘。花小，单生或2～3朵簇生于叶腋，花萼钟状，带紫色，5裂，花冠粉红色或紫色，旗瓣椭圆形，花期7—9月，果期8—10月，荚果圆形或倒卵形，稍侧扁，先端短尖，被小柔毛。生长于向阳山坡的路旁、田中、林中及水边。
功　效：清热解毒，健脾利湿。

105. 紫藤

亚分类：豆科紫藤属。
别　名：藤萝。
拉丁名：*Wisteria sinensis*。
特　性：落叶攀援缠绕性大藤本植物。嫩枝暗黄绿色，密被柔毛，冬芽扁卵形，密被柔毛。奇数羽状复叶互生，有小叶7～13片，卵状椭圆形，先端长渐尖或突尖，叶表无毛或稍有毛，叶背具疏毛或近无毛。侧生总状花序，呈下垂状，花紫色或深紫色，花期4—5月，果熟8—9月，荚果扁圆条形，密被白色绒毛，种子扁球形，黑色。各地均有野生或栽培。
功　用：可供庭园观赏。

106. 豇豆

亚分类：豆科豇豆属。
别　名：带豆、豆角。
拉丁名：*Vigna unguiculata*。
特　性：一年生缠绕草本植物。根系发达，根上生有粉红色根瘤。小叶 3 片，顶生小叶菱状卵形，顶端急尖，基部近圆形或宽楔形，两面无毛，侧生小叶斜卵形，托叶卵形。总状花序腋生，先端着生 2～4 对花，白、红、淡紫色或黄色，花果期 6—9 月，荚果线形，种子肾脏形，黄白色、暗红色或其他颜色。
功　用：豇豆是人们食用的蔬菜，同时也可药用。

107. 苜蓿

亚分类：豆科苜蓿属。
别　名：金花菜、光风草。
拉丁名：*Medicago Sativa*。
特　性：一年生或多年生草本，稀灌木。无香草气味。羽状复叶，互生，托叶部分与叶柄合生，全缘或齿裂，小叶3片，边缘通常具锯齿。总状花序腋生，花小，花冠黄色或紫色，旗瓣倒卵形或长圆形，荚果螺旋形转曲、肾形、镰形或近于挺直，背缝常具棱或刺，种子小，通常平滑，多少呈肾形，无种阜。苜蓿以“牧草之王”著称，世界各地广泛引种栽培。
功　用：牲畜饲料。

108. 截叶铁扫帚

亚分类：豆科胡枝子属。
别　名：夜关门、绢毛胡枝子。
拉丁名：*Lespedeza cuneata*。
特　性：小灌木。茎直立或斜升，被毛，上部分枝，分枝斜上举。叶密集，柄短，小叶楔形或线状楔形，先端截形或近截形，具小刺尖，基部楔形，上面近无毛，下面密被伏毛。总状花序腋生，花冠蝶形，黄白色，有紫斑，生于下部花束的常无花瓣，花期 7—8 月，果期 9—10 月，荚果宽卵形或近球形，被伏毛。生于山坡或路旁空旷草地及河谷灌丛中。
功　效：明目益肝，活血清热，利尿解毒。

109. 紫荆

亚分类：豆科紫荆属。

别　名：满条红、紫珠。

拉丁名：*Cercis chinensis*。

特　性：落叶乔木。经栽培后常成灌木状。叶互生，近圆形，顶端急尖，基部心形，两面无毛。花先于叶开放，4～10 朵簇生于老枝上，花玫瑰红色，花期 4—5 月，荚果狭披针形，扁平，沿腹缝线有狭翅不开裂，种子 2～8 颗，扁圆形，近黑色。常常被种于庭院，在建筑物前及草坪边缘丛植观赏。

功　用：其树皮、花梗可入药，有解毒消肿之功效。

110. 决明

亚分类：豆科决明属。
拉丁名：*Cassia tora*。
特　性：半常绿灌木。多分枝，枝条平滑。叶长椭圆状披针形，叶色浓绿，由3～5对小叶组成复叶，花鲜黄色，3～5朵腋生或顶生，花期7月中下旬至10月。先期开放的花朵，先长成纤长的豆荚，花实并茂，果实直挂到次年春季。
功　用：可用于庭院和公路绿化。

111. 合欢

亚分类：豆科合欢属。
别　名：马缨花、绒花树。
拉丁名：*Albizia julibrissin*。
特　性：落叶乔木。小枝带棱角。二回羽状复叶互生，羽片4～12对，小叶10～30对，镰状长圆形，两侧极偏斜，先端极尖，基部楔形。花序头状，多数，伞房状排列，腋生或顶生，花淡红色，花期6—7月，果期9—11月，荚果扁平，长椭圆形。
功　用：在城市绿化中，单植可为庭院树，群植与花灌类配植或与其他树种混植成为风景林。

112. 红豆树

亚分类：豆科红豆属。

别　名：江阴红豆、花梨木。

拉丁名：*Ormosia hosiei*。

特　性：半常绿乔木。奇数羽状复叶，小叶 5～7 片，稀 9 片，近革质，椭圆状卵形、长圆形或长椭圆形，稀为倒卵形，无毛，下面黄绿色。圆锥花序顶生或腋生，花两性，花冠白色或淡红色，微有香气，花期 4—5 月，果期 10—11 月，荚果扁，革质或木质，近圆形，种子鲜红色，光亮，近圆形。生于河旁、山坡、山谷林内。

功　效：主治疝气、腹痛、血滞、闭经。

113. 黄檀

亚分类：豆科黄檀属。
别　名：不知春、望水檀。
拉丁名：*Dalbergia hupeana*。
特　性：乔木。羽状复叶，小叶3～5对，近革质，椭圆形至长圆状椭圆形。圆锥花序顶生或生于最上部的叶腋间，疏被锈色短柔毛，花密集，花冠白色或淡紫色，花期5—7月，荚果长圆形或阔舌状，种子肾形。生于山地林中或灌丛中，海拔600～1 400米。
功　效：清热解毒，止血消肿。

5.3.40 柳叶菜科

114. 倒挂金钟

亚分类：柳叶菜科倒挂金钟属。

别　名：灯笼花、吊钟海棠。

拉丁名：*Fuchsia hybrida*。

特　性：半灌木。幼枝带红色。叶对生，卵形或狭卵形，基部浅心形或钝圆，边缘具远离的浅齿或齿突，脉常带红色，被短柔毛，叶柄常带红色，被短柔毛与腺毛，托叶狭卵形至钻形，早落。花两性，下垂，花瓣色多变，为紫红色、红色、粉红、白色，排成覆瓦状，宽倒卵形，花期4—12月，果紫红色，倒卵状长圆形。

功　用：多栽培，供观赏。

115. 月见草

亚分类：柳叶菜科月见草属。

拉丁名：*Oenothera Odorata*。

特　性：直立二年生粗状草本。幼苗期呈莲座状，基部有红色长毛。叶互生，叶片长圆状或披针形，边缘有疏细锯齿，两面被白色柔毛。花单生于枝端叶腋，排成疏穗状，花黄色，蒴果圆筒形，外被白色长毛，成熟后自然开裂，种子小，棕褐色，呈不规则三棱状。生于海拔 1 100 米的向阳山坡、荒草地、沙质地及路旁河岸沙砾地等处。

功　效：主治风湿病、筋骨疼痛。

116. 裂叶月见草

亚分类：柳叶菜科月见草属。
别　名：飘佛草。
拉丁名：*Oenothera laciniata*。
特　性：一年生草本。基部呈丛生状，基部分枝，直立或向四处伸长，有绒毛。叶对生，无柄，长椭圆形，具粗锯齿。花多在枝顶端，腋生，淡橙黄色，花期4—9月，果期5—11月，蒴果圆柱形或顶端锥状，种子椭圆形。为外来杂草。

5.3.41　千屈菜科

117. 紫薇

亚分类：千屈菜科紫薇属。

别　名：痒痒树、小叶紫薇。

拉丁名：*Lagerstroemia indica*。

特　性：落叶灌木或小乔木。树皮易脱落，树干愈老愈光滑，用手抚摸，全株微微颤动，幼枝略呈四棱形，稍成翅状。叶互生或对生，近无柄，叶子呈椭圆形、倒卵形或长椭圆形，光滑无毛或沿主脉上有毛。圆锥花序顶生，花萼6浅裂，裂片卵形，外面平滑，花瓣6片，为紫色、红色、粉红色或白色，边缘有不规则缺刻，基部有长爪，花期6—9月，果期10—11月，蒴果椭圆状球形，种子有翅。

功　用：城市、工矿绿化最理想的树种，也可作盆景；有活血通经、止痛、消肿、解毒的作用。

5.3.42 野牡丹科

118. 展毛野牡丹

亚分类：野牡丹科野牡丹属。

别　名：麻叶花、蚂蚁花。

拉丁名：*Melastoma normale*。

特　性：灌木。茎钝四棱形或近圆柱形，密被平展的长粗毛及短柔毛。叶片坚纸质，卵形至椭圆形，基部圆形或近心形，全缘，叶面密被糙伏毛及短柔毛。伞房花序生于分枝顶端，花瓣紫红色。蒴果坛状球形，顶端平截，密被鳞片状伏毛，花期春季至初夏。果期秋天。生于山坡灌木林中。

功　效：全株有收敛作用，可治消化不良等疾病，多敷可止血。

119. 野牡丹

亚分类：野牡丹科野牡丹属。
别　名：地茄、活血丹。
拉丁名：*Melastoma candidum*。
特　性：灌木。分枝多，茎钝四棱形或近圆柱形，密被紧贴的鳞片状糙伏毛。叶片坚纸质，卵形或广卵形，基部浅心形或近圆形，全缘，两面被糙伏毛及短柔毛，叶柄密被鳞片状糙伏毛。伞房花序生于分枝顶端，近头状，花瓣玫瑰红色或粉红色，倒卵形，花期5—7月，果期10—12月，蒴果坛状球形，种子镶于肉质胎座内。生于旷野山坡、山路旁灌丛林中、疏林下。
功　效：消积利湿，活血止血，清热解毒。

120. 地菍

亚分类：野牡丹科野牡丹属。
别　名：铺地锦、地红花。
拉丁名：*Melastoma dodecandrum*。
特　性：匍匐状小灌木。幼时被糙伏毛，以后无毛。叶片坚纸质，卵形或椭圆形。聚伞花序，顶生，花瓣淡紫红色至紫红色，菱状倒卵形，花期5—7月，果期7—9月，果为球状浆果，成熟的果实外皮呈深紫色，果肉呈红色。生于山坡地、河边堤岸、田边地头、房前屋后。
功　效：活血止血，清热解毒。

5.3.43　蓝果树科

121. 喜树

亚分类：蓝果树科喜树属。

别　名：水桐树、天梓树。

拉丁名：*Camptotheca acuminata*。

特　性：落叶乔木。当年生枝紫绿色，有灰色微柔毛；多年生枝淡褐色或浅灰色，无毛。叶互生，纸质，矩圆状卵形或矩圆状椭圆形，基部近圆形或阔楔形，全缘，叶柄上面扁平或略呈浅沟状。头状花序近球形，花瓣5片，淡绿色，花期5—7月，果期9月，翅果矩圆形，两侧具窄翅，着生成近球形的头状果序。常生于海拔1 000米以下的林边或溪边。国家Ⅱ级保护植物。

功　效：具有抗癌、清热、杀虫的功能。

5.3.44 石榴科

122. *石榴*

亚分类：石榴科石榴属。
别　名：山力叶、丹若。
拉丁名：*Punica granatum*。
特　性：落叶乔木或灌木。单叶，通常对生或簇生，无托叶。花两性，有钟状花和筒状花，花有单瓣、重瓣之分，多红色，也有白色、黄色、粉红、玛瑙等色，花期5—6月，果熟期9—10月，果为石榴，种子多数，浆果近球形，外种皮肉质半透明，多汁，可食用。生于海拔300～1 000米的山上。
功　效：具有杀虫、收敛、涩肠、止痢等功效。

5.3.45　卫矛科

123. 冬青卫矛

亚分类：卫矛科卫矛属。

别　名：大叶黄杨。

拉丁名：*Euonymus japonicus*。

特　性：灌木或小乔木。小枝四棱形。叶革质或薄革质，卵形、椭圆状或长圆状披针形以至披针形，边缘具有浅细钝齿，叶面光亮，仅叶面中脉基部及叶柄被微细毛，其余均无毛。花序腋生，花白绿色，花期 3—4 月，果期 6—7 月，蒴果近球形，淡红色，具 4 浅沟，种子棕色，有橙红色假种皮。生于山地、山谷、河岸或山坡林下。

功　用：优良的园林绿化树种。

124. 金边冬青卫矛

亚分类：卫矛科卫矛属。
别　名：金边黄杨。
拉丁名：*Euonymus japonicus* cv.。
特　性：常绿灌木或小乔木。小枝略为四棱形。单叶对生，倒卵形或椭圆形，边缘具钝齿，叶子边缘为黄色或白色，中间黄绿色带有黄色条纹，新叶黄色，老叶绿色带白边。聚伞花序腋生，具长梗，花绿白色，花期 3—4 月，果期 6—7 月，蒴果球形，淡红色，假种皮桔红色。
功　用：多栽培，具有观赏价值。

5.3.46 冬青科

125. 龟甲冬青

亚分类： 冬青科冬青属。

别　名： 豆瓣冬青、龟背冬青。

拉丁名： *Ilex crenata* cv.。

特　性： 常绿灌木。叶小而密，叶片革质，倒卵形、椭圆形或长圆状椭圆形，基部钝或楔形，边缘具圆齿状锯齿，叶柄上面具槽，下面隆起，被短柔毛，托叶钻形，微小。花白色，花期 5—6 月，果期 8—10 月，果球形，成熟后黑色。

功　用： 多栽培，供观赏。

126. 枸骨

亚分类：冬青科冬青属。
别　名：猫儿刺、鸟不宿。
拉丁名：*Ilex cornuta*。
特　性：常绿灌木或小乔木。叶硬革质，具尖硬刺齿5枚，叶端向后弯，表面深绿而有光泽，叶柄上面具狭沟，被微柔毛，托叶宽三角形。花序簇生于二年生枝的叶腋内，花淡黄色，花期4—5月，果期10—12月，果球形，成熟时鲜红色。生于山坡、丘陵等的灌丛中、疏林中以及路边、溪旁和村舍附近。
功　效：叶、果是滋补强壮药。

127. 无刺枸骨

亚分类：冬青科冬青属。

拉丁名：*Ilex cornuta* var. *fortunei*。

特　性：常绿灌木或小乔木。叶革质，无刺齿，表面深绿色有光泽，背面淡绿色，叶柄上面具狭沟，被微柔毛，托叶宽三角形。花序簇生于二年生枝的叶腋内，花淡黄色，花期4—5月，果期10—12月，果球形，成熟时鲜红色。

功　用：多栽培，是良好的观果、观叶、观形的观赏树种。

5.3.47 大戟科

128. 油桐

亚分类：	大戟科油桐属。
别　名：	桐油树、桐子树。
拉丁名：	*Vernicia fordii*。
特　性：	落叶乔木。树皮灰色，近光滑，枝条粗壮，无毛，具明显皮孔。叶互生，叶卵形，叶基心形，全缘或三浅裂。圆锥状聚伞花序顶生，花单性同株，花先叶开放，花瓣白色，有淡红色脉纹，花期 3—4 月，果期 8—9 月，核果近球状，果皮光滑。生于缓坡及向阳谷地、盆地及河床两岸。
功　用：	用于制油。

129. 白背叶

亚分类：大戟科野桐属。
别　名：酒药子树、野桐。
拉丁名：*Mallotus apelta*。
特　性：灌木或小乔木。小枝、叶柄和花序均被白色或微黄色星状绒毛。单叶互生；叶阔卵形，基部近截平或短截形或略呈心形，具2腺点，全缘或顶部3浅裂，有稀疏钝齿，背面灰白色，密被星状绒毛，有细密红棕色腺点。圆形穗状花序生枝顶，花期4—7月，果期8—11月，蒴果球形，密生软刺，星状柔毛，白色，种子黑色，近球形。生于海拔300～1 000米山坡或山谷灌丛中。
功　效：有健脾化湿、收敛固脱、消炎止血的作用。

130. 算盘子

亚分类：大戟科算盘子属。

拉丁名：*Glochidion puberum*。

特　性：灌木。枝条具棱，灰褐色，除叶柄外，全株均无毛。叶片纸质，披针形或斜披针形，基部钝或宽楔形，上面绿色，下面带灰白色，托叶卵状披针形。花绿色，雌雄同株，簇生于叶腋内，花期 4—7 月，果期 6—9 月，蒴果扁球状，种子近三棱形，红色，有光泽。生于海拔 600～1 600 米山地灌木丛中。

功　用：清热除湿，解毒利咽，行气活血。

131. 叶下珠

亚分类：大戟科叶下珠属。
别　名：珠仔草、龙珠草。
拉丁名：*Phyllanthus urinaria*。
特　性：一年生草本植物。茎带紫红色，有纵棱。叶互生，作覆瓦状排列，形成2行，似羽状复叶，叶片矩圆形，全绿，先端尖或钝，基部圆形，几无叶柄。夏秋沿茎叶下面开白色小花，无花柄，花后结扁圆形小果，形如小珠，排列于假复叶下面。生于旷野平地、旱田、山地路旁或林缘。
功　效：全草有解毒、消炎、清热、止泻、利尿之效。

132. 一品红

亚分类：大戟科大戟属。
别　名：象牙红、圣诞花。
拉丁名：*Euphorbia pulcherrima*。
特　性：灌木。茎直立无毛。叶互生，卵状椭圆形、长椭圆形或披针形，基部楔形或渐狭，绿色，边缘全缘或浅裂或波状浅裂，叶面被短柔毛或无毛，叶背被柔毛，苞叶 5～7 枚，狭椭圆形，通常全缘，极少边缘浅波状分裂，朱红色。花序数个聚伞排列于枝顶，花果期 10 月至次年 4 月，蒴果，三棱状圆形，种子卵状，灰色或淡灰色，近平滑，无种阜。常见栽培。
功　效：调经止血，活血化瘀，接骨消肿。

133. 泽漆

亚分类：大戟科大戟属。
别　名：五朵云、五灯草。
拉丁名：*Euphorbia helioscopia*。
特　性：一年生或二年生草本。全株含白色乳汁。茎丛生，基部斜升，无毛或仅分枝略具疏毛，基部紫红色，上部淡绿色。叶互生，无柄或因突然狭窄而具短柄，叶片倒卵形或匙形，被疏长毛，下部叶小，开花后渐脱落。杯状聚伞花序顶生，花期4—5月，果期5—8月，蒴果球形3裂，光滑，种子褐色，卵形，有明显凸起网纹，具白色半圆形种阜。生于山沟、路旁、荒野及湿地。
功　效：利水消肿，化痰止咳，散结。

134. 斑地锦

亚分类：大戟科大戟属。
别　名：血筋草。
拉丁名：*Euphorbia maculata*。
特　性：一年生匍匐小草本。茎柔细，弯曲，匍匐于地上，含白色乳汁。叶小，对生，成2列，长椭圆形，边缘中部以上疏生细齿，上面暗绿色，中央具暗紫色斑纹，下面被白色短柔毛，托叶线形，通常3深裂。杯状聚伞花序，单生于枝腋和叶腋，呈暗红色，花期5—6月，果期8—9月，蒴果三棱状卵球形，表面被白色短柔毛，种子卵形，具角棱，光滑。生于平原以及低山坡的路旁。
功　效：止血，清湿热，通乳。

135. 地锦草

亚分类：大戟科大戟属。

别　名：草血竭、血见愁草。

拉丁名：*Euphorbia humifusa*。

特　性：一年生匍匐草本。茎带紫红色，含白色乳汁，无毛。叶对生，叶片长圆形，边缘有细齿，两面无毛或疏生柔毛，绿色或淡红色，叶柄极短，托叶线形。杯状花序单生于叶腋，总苞倒圆锥形，浅红色，花期 6—10 月，果实 7 月渐次成熟，蒴果三棱状球形，光滑无毛，种子卵形，黑褐色，外被白色蜡粉。生于平原、荒地、路旁及田间。

功　效：清热解毒，利湿退黄，活血止血。

5.3.48 黄杨科

136. 雀舌黄杨

亚分类：黄杨科黄杨属。

拉丁名：*Buxus bodinieri*。

特　性：灌木。小枝四棱形，被短柔毛，后变无毛。叶薄革质，通常匙形，亦有狭卵形或倒卵形，基部狭长楔形。花序腋生，头状，花密集白色，花期2月，果期5～8月，蒴果卵形。生于平地或山坡林下。

功　用：其根、茎、叶可供药用。

5.3.49　虎皮楠科

137. 交让木

亚分类：虎皮楠科虎皮楠属。

别　名：山黄树、豆腐头。

拉丁名：*Daphniphyllum macropodum*。

特　性：灌木或小乔木。小枝粗壮，暗褐色，具圆形大叶痕。叶革质，长圆形至倒披针形，基部楔形至阔楔形，叶面具光泽，干后叶面绿色，叶背淡绿色，有时略被白粉，叶柄紫红色。花小，淡绿色，成短总状花序，花期3—5月，果期8—10月，核果长椭圆形，黑色，外果皮肉质，内果皮坚硬。生于湿润之地，生长较缓。

功　效：叶和种子可以药用，治疗疖毒红肿。

5.3.50 鼠李科

138. 枣

亚分类：鼠李科枣属。

拉丁名：*Ziziphus jujuba*。

特　性：灌木或小乔木。幼枝无毛，小枝对生或近对生，褐色或红褐色。叶纸质，对生或近对生，或在短枝上簇生，宽椭圆形或卵圆形，边缘具圆齿状细锯齿。花单性，雌雄异株，有花瓣，花期5—6月，果期7—10月，核果球形，黑色，具2分核，种子卵圆形，黄褐色，背侧有与种子等长的狭纵沟。生于山坡林下。

功　效：主治清热利湿、消积杀虫。

5.3.51　葡萄科

139. 乌蔹梅

亚分类：葡萄科乌蔹梅属。
别　名：五叶藤、五爪龙。
拉丁名：*Cayratia japonica*。
特　性：多年生攀援藤本。小枝圆柱形，有纵棱纹，无毛或微被疏柔毛，卷须2～3叉分枝。鸟足状5小叶复叶，中央小叶长椭圆形或椭圆披针形，侧生小叶椭圆形或长椭圆形，边缘每有侧锯齿，侧生小叶无柄或有短柄，托叶早落。花序腋生，复二歧聚伞花序，花白色，果近球形，紫蓝色的浆果，种子三角状倒卵形。生于低山灌木丛中。
功　效：清热利湿，解毒消肿。

140. 五叶地锦

亚分类：葡萄科爬山虎属。
别　名：五叶爬山虎。
拉丁名：*Parthenocissus quinquefolia*。
特　性：落叶木质藤木。老枝灰褐色，幼枝带紫红色。卷须与叶对生，顶端吸盘大。掌状复叶，具五小叶，小叶长椭圆形至倒长卵形，先端尖，基部楔形，缘具大齿牙，叶面暗绿色，叶背稍具白粉并有毛。花期 6 月，果期 10 月。分布于中国东北至华南各省区。
功　用：理想垂直绿化植物，主要用于庭园墙面绿化。

5.3.52　无患子科

141. 无患子

亚分类：无患子科无患子属。

别　名：苦患树、黄目树。

拉丁名：*Sapindus mukorossi*。

特　性：落叶乔木。枝开展。单回羽状复叶，小叶 5～8 对，通常近对生，叶片薄纸质，长椭圆状披针形或稍呈镰形。圆锥花序，顶生及侧生，花杂性，花冠淡绿色，有短爪，花期 6—7 月，果期 9—10 月，核果球形，熟时黄色或棕黄色，种子球形，黑色。常见栽培。

功　效：清热，祛痰，消积，杀虫。

142. 栾树

亚分类：无患子科栾树属。
别　名：木栾、栾华。
拉丁名：*Koelreuteria paniculata*。
特　性：落叶乔木或灌木。小枝具疣点，与叶轴、叶柄均被皱曲的短柔毛或无毛。奇数羽状复叶，小叶对生或互生，纸质，卵形、阔卵形至卵状披针形，基部钝至近截形，边缘有不规则的钝锯齿，齿端具小尖头。小花金黄色，花期6—7月，果期9月。蒴果三角状卵形，成熟时桔红色或红褐色，种子近球形。多分布在海拔1 500米以下的低山及平原。
功　用：种子可以榨制工业用油。

5.3.53 槭树科

143. 青榨槭

亚分类：槭树科槭属。
别 名：千层皮、青蛤蟆。
拉丁名：*Acer davidii*。
特 性：落叶乔木。树皮绿色，并有墨绿色条纹，一年生枝条皮银白色。单叶对生，叶广卵形或卵形，上部3浅裂，有时5裂，基部心形，边缘有钝尖二重锯齿。花黄绿色，杂性，雄花与两性花同株，成下垂的总状花序，花期4月，果期9月，翅果嫩时淡绿色，成熟后黄褐色。常生于海拔500～1 500米的疏林中。
功 用：消食化积；树皮纤维较长，含丹宁，可作工业原料。

144. 鸡爪槭

亚分类：槭树科槭属。
别　名：鸡爪枫、七角枫。
拉丁名：*Acer palmatum*。
特　性：落叶小乔木。叶纸质，外貌圆形，叶近圆形，基部心形或近心形，掌状，常7深裂，密生尖锯齿。花紫色，杂性，雄花与两性花同株，伞房花序，花期5月，果期9月，翅果嫩时紫红色，成熟时淡棕黄色，两翅开展成钝角，小坚果球形。生于低海拔的林边或疏林中。
功　效：行气止痛，解毒消痈。

5.3.54　漆树科

145. 盐肤木

亚分类：漆树科盐肤木属。
别　名：五倍子树、乌桃叶。
拉丁名：*Rhus chinensis*。
特　性：落叶小乔木或灌木。奇数羽状复叶有小叶 2 对或 3～6 对，纸质，边缘具粗锯齿或圆齿，叶轴具宽的叶状翅，小叶自下而上逐渐增大，叶轴和叶柄密被锈色柔毛，小叶多形，卵形或椭圆状卵形或长圆形。圆锥花序宽大，多分枝，花白色，花期 8—9 月，果期 10 月，核果球形，成熟时红色。
功　用：有清热解毒之效；在园林绿化中，可作为观叶、观果的树种。

5.3.55 苦木科

146. 臭椿

亚分类：苦木科臭椿属。
别 名：樗、木砻树。
拉丁名：*Ailanthus altissima*。
特 性：落叶乔木。叶为奇数羽状复叶，有小叶13～27片，小叶对生或近对生，纸质，卵状披针形，两侧各具1或2个粗锯齿，叶面深绿色，背面灰绿色，揉碎后具臭味。圆锥花序，花淡绿色，花期4—5月，果期8—10月，翅果长椭圆形。生于向阳山坡或灌丛中。
功 效：用于清热利湿、收敛止痢等。

5.3.56　楝科

147. 毛红椿

亚分类： 楝科香椿属。

拉丁名： *Toona ciliata Roem* var. *pubescens*。

特　性： 落叶或近常绿乔木。偶数或奇数羽状复叶，叶轴密被柔毛，小叶披针形、卵形或长圆状披针形，基部楔形至宽楔形，偏斜，全缘，上面无毛或疏被柔毛。圆锥花序顶生，被柔毛，花白色，花期4—6月，果期10—12月，蒴果长椭圆形，具稀疏皮孔，木质，干时褐色，种子两端具翅。生于疏林地、林缘或沟谷地带。

功　用： 良好的工艺用材树种。

5.3.57 省沽油科

148. 野鸦椿

亚分类： 省沽油科野鸦椿属。
别　名： 酒药花、鸡肾果。
拉丁名： *Euscaphis japonica*。
特　性： 落叶小乔木或灌木。小枝及芽红紫色，枝叶揉碎后发出恶臭气味。叶对生，奇数羽状复叶，小叶5～9片，厚纸质，长卵形或椭圆形，稀为圆形，边缘具疏短锯齿，齿尖有腺休，小托叶线形。圆锥花序顶生，花密集，黄白色，花期5—6月，果期8—9月，蓇葖果，果皮软革质，紫红色，有纵脉纹，种子近圆形，假种皮肉质，黑色，有光泽。多生长于山脚和山谷。
功　效： 有温中理气、消肿止痛的作用。

149. 瘿椒树

亚分类：省沽油科瘿椒树属。
别　名：银雀树。
拉丁名：*Tapiscia sinensis*。
特　性：落叶乔木。叶互生，奇数羽状复叶，小叶 5～9 片，卵形或长卵形，边缘具锯齿，上面深绿色，下面灰白色，被乳头状白粉点，两面无毛或脉腋被毛。圆锥花序腋生，花小，黄色，有芳香，花 6—7 月开放，果实 9—10 月成熟，浆果状核果椭圆形或近球形，熟时紫黑色。生于山地茂林中。
功　用：我国特有的古老树种，在研究植物进化历程方面有一定的作用。

5.3.58 牻牛儿苗科

150. 野老鹳草

亚分类：牻牛儿苗科老鹳草属。

别　名：老鹳嘴、老牛筋。

拉丁名：*Geranium carolinianum*。

特　性：一年生草本。茎具棱角，密被倒向短柔毛。基生叶早枯，茎生叶互生或最上部对生，托叶披针形或三角状披针形，叶片圆肾形，基部心形，掌状5～7裂近基部，裂片楔状倒卵形或菱形。花序腋生和顶生，花序呈伞形状，花淡紫红色，花期4—7月，果期5—9月，蒴果被短糙毛，果瓣由喙上部先裂向下卷曲。多生在平原及低山荒坡杂草丛中。

功　效：全草入药，有祛风收敛和止泻之效。

5.3.59 凤仙花科

151. 凤仙花

亚分类：凤仙花科凤仙花属。
别 名：指甲花、凤仙透骨草。
拉丁名：*Impatiens balsamina*。
特 性：一年生草本。单叶互生，卵状披针形，边缘有锯齿，叶柄基部有 2 个腺点。花单生或 2～3 朵簇生于叶腋，白色、粉红色或紫色，单瓣或重瓣，花期 7—10 月，蒴果宽纺锤形，两端尖，密被柔毛，种子圆球形，黑褐色。多生于坡地、路边杂草丛中。
功 用：民间常用其花及叶染指甲；茎及种子入药。

5.3.60 酢浆草科

152. 酢浆草

亚分类：酢浆草科酢浆草属。

别　名：酸味草、酸醋酱。

拉丁名：*Oxalis corniculata*。

特　性：草本。全株被柔毛，匍匐。叶基生或茎上互生，托叶小，长圆形或卵形，边缘被密长柔毛，小叶 3 片，无柄，倒心形，边缘具贴伏缘毛。伞形花序，腋生，花黄色，花期、果期 2—9 月，蒴果长圆柱形，5 棱。种子长卵形，褐色或红棕色，具横向肋状网纹。生于山坡草地、河谷沿岸、路边、田边、荒地或林下阴湿处等。

功　效：全草入药，能解热利尿、消肿散淤。

153. 红花酢浆

亚分类：酢浆草科酢浆草属。
别　名：大酸味草、南天七。
拉丁名：*Oxalis rubra*。
特　性：多年生直立草本。叶基生，叶柄被毛，小叶3片，扁圆状倒心形，托叶长圆形。二歧聚伞花序，通常排列成伞形花序，花淡紫色至紫红色，花期、果期3—12月。生于低海拔的山地、路旁、荒地或水田中。
功　效：清热解毒，散瘀消肿，调经。

5.3.61 五加科

154. 常春藤

亚分类：五加科常春藤属。

别　名：土鼓藤、钻天风。

拉丁名：*Hedera nepalensis* var. *sinensis*。

特　性：多年生常绿攀援灌木。有气生根，幼枝被鳞片状柔毛。单叶互生，叶柄无托叶、有鳞片，叶 2 型，营养枝的叶三角状卵形，花枝和果枝的叶椭圆状卵形、椭圆状披针形。伞形花序单个顶生，花淡黄白或淡绿白色，花期 9—11 月，果期翌年 3—5 月，果实圆球形，红色或黄色。附于阔叶林中的树干上或沟谷阴湿的岩壁上。

功　效：祛风利湿，活血消肿，平肝解毒。

155. 八角金盘

亚分类：五加科八角金盘。

别　名：八手、手树。

拉丁名：*Fatsia japonica*。

特　性：常绿灌木或小乔木。叶片大，革质，近圆形，掌状7～9深裂，裂片长椭圆状卵形，边缘有疏离粗锯齿，边缘有时呈金黄色。圆锥花序顶生，伞形花序，花黄白色，花期10—11月，果熟期翌年4月，果近球形，熟时黑色。多栽种。

功　效：化痰止咳，散风除湿，化瘀止痛。

156. 楤木

亚分类：五加科楤木属。
别　名：鹊不踏、刺老鸦子。
拉丁名：*Aralia chinensis*。
特　性：灌木或乔木。树皮灰色，疏生粗壮直刺，枝疏生细刺。叶为二回或三回羽状复叶，托叶与叶柄基部合生，纸质，耳廓形，叶轴无刺或有细刺，小叶片纸质至薄革质，卵形、阔卵形或长卵形，边缘有锯齿。圆锥花序大，长30～60厘米，分枝长20～35厘米；伞形花序较小，直径1～1.5厘米，有花多数，花白色，芳香，花期7—9月，果期9—12月，果实球形，黑色，有5棱。生于森林、灌丛或林缘路边。
功　效：祛风除湿，利水和中，活血解毒。

5.3.62　伞形科

157. 积雪草

亚分类：伞形科积雪草属。

拉丁名：*Centella asiatica*。

特　性：多年生草本。茎匍匐，细长，节上生根。叶片膜质至草质，圆形、肾形或马蹄形，边缘有钝锯齿，基部叶鞘透明，膜质。伞形花序聚生于叶腋，花紫红色或乳白色，花果期4—10月，果实两侧扁压，圆球形，每侧有纵棱数条。喜生于阴湿的草地或水沟边。

功　效：清热利湿，消肿解毒。

158. 天胡荽

亚分类：伞形科天胡荽属。
别　名：步地锦。
拉丁名：*Hydrocotyle sibthorpioides*。
特　性：多年生草本。有气味。叶片膜质至草质，圆形或肾圆形，基部心形，两耳有时相接，不分裂或5～7裂，裂片阔倒卵形，边缘有钝齿，托叶略呈半圆形，薄膜质，全缘或稍有浅裂。伞形花序与叶对生，花绿白色，花果期4—9月，果实略呈心形，成熟时有紫色斑点。生长在湿润的草地、河沟边、林下。
功　效：清热解毒，利尿消肿。

159. 铜钱草

亚分类：伞形科天胡荽属。
别　名：水金钱。
拉丁名：*Hydrocotyle vulgaris*。
特　性：多年生挺水或湿生观赏植物。植株具有蔓生性，节上常生根。茎顶端呈褐色。叶互生，具长柄，圆盾形，缘波状，草绿色，叶脉 15～20 条放射状。花两性，伞形花序，小花白色，花期 6—8 月，果为分果。
功　用：多栽培，供观赏。

160. 变豆菜

亚分类：伞形科变豆菜属。

别　名：山芹菜、鸭脚板。

拉丁名：*Sanicula chinensis*。

特　性：多年生草本。基生叶少数，近圆形、圆肾形至圆心形，通常3裂，少至5裂，裂片表面绿色，背面淡绿色，边缘有大小不等的重锯齿，叶柄稍扁平，基部有透明的膜质鞘，茎生叶逐渐变小，通常3裂，裂片边缘有大小不等的重锯齿。花序2～3回叉式分枝，花白色或绿白色，花果期4—10月，果期7—8月。果实圆卵形。常生长在阴湿的山坡路旁、竹园边、杂木林下及溪边等草丛中。

功　效：解毒，止血。

161. 水芹

亚分类：伞形科水芹菜属。
别　名：水英、牛草。
拉丁名：*Oenanthe javanica*。
特　性：多年生草本植物。基生叶有柄，柄基部有叶鞘，叶片轮廓三角形，一至三回羽状分裂，边缘有牙齿或圆齿状锯齿，茎上部叶无柄，裂片和基生叶的裂片相似，较小。复伞形花序顶生，花白色，花期6—7月，果期8—9月，果实近于四角状椭圆形或筒状长圆形，侧棱较背棱和中棱隆起，木栓质。
功　用：为一种生长在池沼边、河边和水田里的水生蔬菜，有降血压和血脂、清热、利尿的功效。

162. 野胡萝卜

亚分类：伞形科胡萝卜属。
拉丁名：*Daucus carota*。
特　性：二年生草本。茎单生，全体有白色粗硬毛。基生叶薄膜质，有柄，长圆形，二至三回羽状全裂，茎生叶近无柄，有叶鞘，末回裂片小或细长。复伞形花序，花通常白色，有时带淡红色，花期5—7月，果期7—8月。果实圆卵形，棱上有白色刺毛。生长于山坡路旁、旷野或田间。
功　用：果实入药，有驱虫作用，又可提取芳香油。

5.3.63　山茱萸科

163. 洒金桃叶珊瑚

亚分类：山茱萸科桃叶珊瑚属。

别　名：洒金东瀛珊瑚、花叶青木。

拉丁名：*Aucuba japonica* var. *variegata*。

特　性：常绿灌木。小枝粗圆。叶对生，常绿灌木，枝和叶均对生，叶片厚纸质至革质，椭圆状卵圆形至长椭圆形，基部近圆形或阔楔形，叶片油绿，光泽，散生大小不等的黄色或淡黄色的斑点，边缘疏生锯齿。圆锥花序顶生，花紫红色或暗紫色，花期 3—4 月，果期 11 月至次年 4 月，果卵圆形，幼时绿色，熟时红色。

功　用：多栽培，供观赏。

5.3.64 杜鹃花科

164. 马银花

亚分类：杜鹃花科杜鹃花属。

拉丁名：*Rhododendron ovatum*。

特　性：常绿灌木植物。小枝灰褐色，疏被具柄腺体和短柔毛。叶革质，卵形或椭圆状卵形，叶柄具狭翅，被短柔毛。花芽圆锥状，具鳞片数枚，花单生枝顶叶腋，花冠淡紫色、紫色或粉红色，5深裂，裂片长圆状倒卵形或阔倒卵形，内面具粉红色斑点，花期4—5月，果期9—10月，蒴果阔卵球形。生于海拔1 000米以下的灌丛中。

功　用：具有较高的园艺价值。

165. 猴头杜鹃

亚分类：杜鹃花科杜鹃花属。

拉丁名：*Rhododendron simiarum*。

特　性：常绿灌木或小乔木。叶互生，常集生枝顶，叶片厚革质，倒被针形至椭圆状，基部楔形，全缘，上面深绿色，下面灰褐色或灰白色。顶生总状伞形花序，花冠粉红色，内面上方有紫红斑点，漏斗状钟形，花期 4—5 月，果期 8—9 月，蒴果长圆形。生于海拔 500～1 800 米的沟谷、山顶、崖顶疏林中和灌丛中。

功　用：供观赏。

166. 鹿角杜鹃

亚分类：杜鹃花科杜鹃花属。
别　名：岩杜鹃。
拉丁名：*Rhododendron latoucheae*。
特　性：常绿灌木或小乔木。叶集生枝顶，近于轮生，革质，卵状椭圆形或长圆状披针形，基部楔形或近于圆形，边缘反卷，上面深绿色，下面淡灰白色。花芽长圆状锥形，花单生枝顶叶腋，花冠白色或带粉红色，花期 3—4 月，稀 5—6 月，果期 7—10 月，蒴果圆柱形，具纵肋。生于海拔 1 000～2 000 米的杂木林内。
功　效：疏风行气，止咳祛痰，活血化瘀。

167. 锦绣杜鹃

亚分类：杜鹃花科杜鹃花属。
别　名：毛杜鹃。
拉丁名：*Rhododendron pulchrum*。
特　性：半常绿灌木。幼枝被平贴的褐色糙伏毛。叶薄革质，2 型，椭圆形至椭圆状披针形或矩圆状倒披针形，顶端急尖，有凸尖头，基部楔形，初有散生黄色疏伏毛，以后上面近无毛。花 1～3 朵顶生枝端，花冠宽漏斗状，蔷薇紫色，有深紫色点。蒴果矩圆状卵形。
功　用：多栽培，具有较高的园艺价值。

168. 弯蒴杜鹃

亚分类：杜鹃花科杜鹃花属。
拉丁名：*Rhododendron henryi*。
特　性：常绿灌木。叶革质，常集生枝顶，近于轮生，椭圆状卵形或长圆状披针形，边缘微反卷，无毛，叶柄被刚毛或腺头刚毛。花芽圆锥形，伞形花序生枝顶叶腋，花冠淡紫色或粉红色，漏斗状钟形，花期3—4月，果期7—12月，蒴果圆柱形，具中肋，微弯曲，硬尖头。生于林缘灌丛、山谷林下、山坡杂木林中。
功　用：具有较高的园艺价值。

5.3.65 柿科

169. 柿

亚分类：柿科柿属。
别 名：红嘟嘟、朱果。
拉丁名：*Diospyros kaki*。
特 性：落叶大乔木。冬芽卵形，先端钝落，小枝密被褐色毛。叶阔椭圆形，表面深绿色、有光泽，革质，入秋部分叶变红。花雌雄异株或杂性同株，单生或聚生于新生枝条的叶腋中，花黄白色，花期 5—6 月，果熟期 9—10 月，果形因品种而异，橙黄或红色，萼片宿存大，先端钝圆。多栽种。
功 效：果可食，有涩肠、润肺、止血、和胃等功效。

5.3.66 报春花科

170. 过路黄

亚分类：报春花科珍珠菜属。
别　名：真金草、铺地莲。
拉丁名：*Lysimachia christinae*。
特　性：多年生草本植物。有短毛或近于无毛，叶、萼、花冠均有黑色腺条，茎匍匐，由基部向顶端逐渐细弱呈鞭状。叶对生，卵圆形、近圆形至肾圆形，两面无毛或密被糙伏毛。花单生叶腋，花冠黄色，花期5—7月，果期7—10月，蒴果球形，无毛。生长在山坡、路旁较阴湿处。
功　效：清热解毒，利尿排石。

171. 星宿菜

亚分类：报春花科珍珠菜属。
别　名：假辣蓼。
拉丁名：*Lysimachia fortunei*。
特　性：多年生草本。全株无毛。茎、叶、萼、花冠均有黑色腺条，嫩梢和花序轴具褐色腺体。叶互生，近于无柄，叶片长圆状披针形至狭椭圆形，基部渐狭，两面均有黑色腺点，干后成粒状突起。总状花序顶生，细瘦，花冠白色，花期6—8月，果期8—11月，蒴果球形。生于田埂及溪边草丛中。
功　效：活血行瘀，利尿逐水。

5.3.67 龙胆科

172. 五岭龙胆

亚分类：龙胆科龙胆属。

拉丁名：*Gentiana davidii*。

特　性：多年生草本植物。叶对生，矩圆状披针形或线状披针形，钝尖，基部变狭连合，营养枝的叶呈莲座状。花数朵簇生茎顶端，花冠漏斗状，紫色，花果期 6 月（或 8 月）至 11 月，蒴果，种子淡黄色，近圆形，表面蜂窝状。生于山坡草丛、山坡路旁、林缘、林下。

功　用：著名的花卉。

5.3.68　夹竹桃科

173. 夹竹桃

亚分类：夹竹桃科夹竹桃属。
别　名：洋桃、叫出冬。
拉丁名：*Nerium indicum*。
特　性：常绿直立大灌木。叶3～4片轮生，下枝为对生，窄披针形，叶缘反卷，叶柄内具腺体。聚伞花序顶生，花冠深红色或粉红色，花冠为单瓣呈5裂，其花冠为漏斗状，种子长圆形，花期几乎全年，夏秋为最盛，果期一般在冬春季，栽培很少结果。
功　用：常在公园、道路旁或河旁栽培。全株有毒。

174. 花叶蔓长春花

亚分类：夹竹桃科蔓长春花属。
别　名：花叶常春藤、爬藤黄杨。
拉丁名：*Vinca major* cv。
特　性：蔓性半灌木。茎偃卧，花茎直立，除叶缘、叶柄、花萼及花冠喉部有毛外，其余均无毛。叶椭圆形，边缘白色，有黄白色斑点。花单朵腋生，花萼裂片狭披针形，花冠筒漏斗状，蓝色。
功　用：多栽培，有较高观赏价值。

175. 络石

亚分类：夹竹桃科络石属。
别　名：石龙藤、万字花。
拉丁名：*Trachelospermum jasminoides*。
特　性：常绿木质藤本。具乳汁，茎赤褐色，圆柱形，有皮孔。小枝被黄色柔毛，老时渐无毛。叶革质或近革质，椭圆形至卵状椭圆形或宽倒卵形。二歧聚伞花序腋生或顶生，花多朵组成圆锥状，花白色，花期3—7月，果期7—12月，种子褐色，线形，顶端具白色绢质种毛。生于山野、溪边、路旁、林缘，常缠绕于树上或攀援于墙壁上。
功　用：对小便白浊、喉痹肿塞有一定治疗作用；在园林中多作地被。

176. 花叶络石

亚分类：夹竹桃科络石属。

别　名：初雪葛、斑叶络石。

拉丁名：*Trachelospermum jasminoides*。

特　性：常绿木质藤蔓植物。全株具白色乳汁。小枝、嫩叶柄及叶背面被短柔毛，老枝叶无毛。叶革质，椭圆形至卵状椭圆形或宽倒卵形。老叶近绿色或淡绿色，第一轮新叶粉红色，少数有 2～3 对粉红叶，第二至第三对为纯白色叶，在纯白叶与老绿叶间有数对斑状花叶。花序聚伞状，花白色或紫色，种子线状长圆形。生于山地路旁，供观赏。

功　用：在园林中多作地被。

5.3.69 马钱科

177. 醉鱼草

亚分类：	马钱科醉鱼草属。
别　名：	闭鱼花、痒见消。
拉丁名：	*Buddleja lindleyana*。
特　性：	灌木。茎皮褐色，小枝具四棱，棱上略有窄翅。叶对生，叶片膜质，卵形、椭圆形至长圆状披针形。穗状聚伞花序顶生，花紫色，果序穗状，花期 4—10 月，果期 8 月至翌年 4 月，蒴果长圆状或椭圆状，种子淡褐色，小，无翅。生于山地路旁、河边灌木丛中或林缘。
功　用：	全株有毒，捣碎投入河中，能使活鱼麻醉。

5.3.70 茄科

178. 龙葵

亚分类：茄科茄属。

别　名：野辣虎、野海椒。

拉丁名：*Solanum nigrum*。

特　性：一年生直立草本植物。叶卵形，先端短尖，基部楔形至阔楔形而下延至叶柄，全缘或每边具不规则的波状粗齿，光滑或两面均被稀疏短柔毛。蝎尾状花序腋外生，夏季开白色小花，浆果球形，熟时黑紫色，种子近卵形。喜生于田边、荒地及村庄附近。

功　效：散瘀消肿，清热解毒。

179. 刺天茄

亚分类：茄科茄属。
别　名：苦果、生刺矮瓜。
拉丁名：*Solanum indicum*。
特　性：灌木，小枝褐色，密披基部宽扁钩刺。叶卵形，基部心形，截形或不相等，边缘5～7深裂或波状浅圆裂。蝎尾状花序腋外生，花蓝紫色或少白色，全年开花结果，浆果球形，种子淡黄色。分布在海拔180～1 700米的林下、路边、荒地。
功　效：用于治牙疼、发烧、皮肤病。

180. 酸浆

亚分类：茄科酸浆属。

别　名：红姑娘、挂金灯。

拉丁名：*Physalis alkekengi*。

特　性：多年生直立草本。地上茎常不分枝，有纵棱，茎节膨大，幼茎被有较密的柔毛，根状茎白色，横卧地下，多分枝，节部有不定根。叶互生，每节生有 1～2 片叶，叶有短柄，叶片卵形，先端渐尖，基部宽楔形，边缘有不整齐的粗锯齿或呈波状，无毛。花 5 基数，单生于叶腋内，花冠辐射状，白色，萼内浆果橙红色，种子肾形，淡黄色。生长于路旁及田野草丛中。

功　效：具有清热、解毒、利尿、降压、强心、抑菌等功能。

5.3.71　菟丝子科

181. 菟丝子

亚分类：菟丝子科菟丝子属。

别　名：豆寄生、豆阎王。

拉丁名：*Cuscuta chinensis*。

特　性：一年生寄生草本。茎缠绕，黄色，纤细，无叶。花序侧生，少花或多花簇生成小伞形或小团伞花序，花冠白色，壶形，蒴果球形，几乎全为宿存的花冠所包围，种子2～49颗，淡褐色，卵形，表面粗糙。生于田边、山坡阳处、路边灌丛或海边沙丘，通常寄生于豆科、菊科、蒺藜科等多种植物上。

功　效：种子药用，有补肝肾、益精壮阳及止泻的功能。

5.3.72 旋花科

182. 牵牛

亚分类:	旋花科牵牛属。
别　名:	朝颜、碗公花。
拉丁名:	*Pharbitis nil* 。
特　性:	一年生缠绕草本。茎上被倒向的短柔毛及杂有倒向或开展的长硬毛。叶子3裂,基部心形。花酷似喇叭状,蓝紫色或紫红色,蒴果近球形,3瓣裂,种子卵状三棱形,黑褐色或米黄色,被褐色短绒毛。生于山坡灌丛、干燥河谷路边、山地路边。
功　效:	泻水利尿,杀虫。

183. 茑萝松

亚分类：旋花科茑萝属。

别　名：五角星花、狮子草。

拉丁名：*Quamoclit pennata*。

特　性：一年生柔弱缠绕草本。叶卵形或长圆形，单叶互生，叶的裂片细长如丝，羽状深裂至中脉，基部常具假托叶。小花五角星状，颜色深红鲜艳，除红色外，还有白色的，花期从 7 月上旬至 9 月下旬，蒴果卵形，4 室，4 瓣裂，隔膜宿存，透明，种子卵状长圆形，黑褐色。

功　用：广为栽培，是美丽的庭院观赏植物，有清热、解毒、消肿的作用。

184. 番薯

亚分类：旋花科番薯属。
别　名：白薯、地瓜、甘薯。
拉丁名：*Ipomoea batatas*。
特　性：一年生草本。地下部分具圆形、椭圆形或纺锤形的块根。茎平卧或上升，偶有缠绕，多分枝，圆柱形或具棱，绿或紫色，被疏柔毛或无毛，茎节易生不定根。叶通常为宽卵形，全缘或3～5(或7)裂。聚伞花序腋生，花冠粉红色、白色、淡紫色或紫色，钟状或漏斗状，蒴果卵形或扁圆形，有假隔膜，分为4室。
功　用：普遍栽培，是高产粮食作物；根、茎、叶又是优良的饲料。

5.3.73 马鞭草科

185. 赪桐

亚分类：马鞭草科大青属。
拉丁名：臭草、鸡虱草。
拉丁名：*Clerodendrum japonicum*。
特　性：落叶灌木。叶对生，广卵形，基部心形或近于截形，边缘有锯齿而稍带波状，上面深绿色而粗糙，具密集短毛，下面淡绿色而近于光滑，叶脉上有短柔毛，触之有臭气。花蔷薇红色，有芳香，为顶生密集的头状聚伞花序，花期7—8月，果期9—10月，核果，外围有宿存的花萼。生长于湿润的林边、山沟旁。
功　效：健脾，养血，平肝。

186. 石梓

亚分类：马鞭草科石梓属。
别　名：甄子木、酸树。
拉丁名：*Gmelina chinensis*。
特　性：落叶乔木。树干基部膨大，枝四棱。单叶对生，三角状卵形，叶基具一对绿色腺体。顶生总状或聚伞圆锥花序，萼5裂，三角形，无腺点，花冠黄色，浆果状核果。生于红壤、砖红壤性土、冲积土及石灰性土。
功　效：活血祛瘀，去湿止痛。

187. 大青

亚分类：马鞭草科大青属。

别　名：淡亲家母。

拉丁名：*Clerodendrum cyrtoph-yllum*。

特　性：灌木或小乔木。叶片纸质，椭圆形、卵状椭圆形、长圆形或长圆状披针形，顶端渐尖或急尖，基部圆形或宽楔形，通常全缘，两面无毛或沿脉疏生短柔毛，背面常有腺点。伞房状聚伞花序，花小，有桔香，白色，外面疏生细毛和腺点，花果期 6 月至次年 2 月，果实球形或倒卵形，绿色，成熟时蓝紫色。生于路旁、丘陵、山地林下或溪谷旁。

功　效：清热解毒，凉血止血。

188. 紫珠

亚分类：马鞭草科紫珠属。
别　名：白棠子树、紫珠草。
拉丁名：*Callicarpa bodinieri*。
特　性：落叶灌木。小枝、叶柄和花序均被粗糠状星状毛。单叶对生，叶片倒卵形至椭圆形，边缘有细锯齿，两面密生暗红色或红色细粒状腺点。聚伞花序，花冠紫色，被星状柔毛和暗红色腺点，花期 6—7 月，果期 8—11 月，果小，球形，熟时紫色，无毛。生于海拔 200～2 300 米的林中、林缘及灌丛中。
功　效：根或全株入药，能通经和血。

189. 马樱丹

亚分类：马鞭草科马缨丹属。
别　名：五色梅、五龙兰。
拉丁名：*Lantana camara*。
特　性：直立或蔓性的灌木。有时藤状，茎枝均呈四方形，有短柔毛，通常有短而倒钩状刺。单叶对生，揉烂后有强烈的气味，叶片卵形至卵状长圆形，边缘有钝齿，表面有粗糙的皱纹和短柔毛，背面有小刚毛。花冠黄色或橙黄色，开花后不久转为深红色，全年开花，果圆球形，成熟时紫黑色。常生长于海拔 80～1 500 米的海边沙滩和空旷地区。
功　效：有清热解毒、散结止痛、祛风止痒之效。

190. 莸

亚分类：马鞭草科莸属。
别　名：边兰、方梗金钱草。
拉丁名：*Caryopteris divaricata*。
特　性：多年生草本。茎方形，疏被柔毛或无毛。叶片膜质，卵圆形，卵状披针形至长圆形，顶端渐尖至尾尖，基部近圆形或楔形，下延成翼，边缘具粗齿，两面疏生柔毛或背面的毛较密。二歧聚伞花序腋生，花冠紫色或红色，花期 7—8 月，果期 8—9 月，蒴果黑棕色，4 瓣裂，无毛，无翅，有网纹。生于海拔 660～2 900 米的山坡草地或疏林。
功　效：祛暑解表，利尿解毒。

5.3.74　唇形科

191. 韩信草

亚分类：唇形科黄芩属。

别　名：耳挖草、金茶匙。

拉丁名：*Scutellaria indica*。

特　性：多年生草本。茎四棱形，通常带暗紫色，被微柔毛。叶草质至近坚纸质，心状卵圆形，边缘密生整齐圆齿，两面被微柔毛或糙伏毛。花对生，花冠蓝紫色，花果期 2—6 月，成熟小坚果栗色或暗褐色，卵形，具瘤，腹面近基部具一果脐。常见于田间、溪边及疏林下。

功　效：主治跌打肿痛、外伤出血、产后四肢麻木、毒蛇咬伤。

192. 益母草

亚分类：唇形科益母草属。
别　名：九重楼、云母草。
拉丁名：*Leonurus artemisia*。
特　性：一年生或二年生草本。茎钝四棱形，有倒向糙伏毛。叶对生，叶形多种，叶片略呈圆形，5～9浅裂，裂片具2～3钝齿，基部心形。轮伞花序腋生，花冠唇形，淡红色或紫红色，外面被柔毛，花期6—9月，小坚果褐色，三棱形。生于山野荒地、田埂、草地等。
功　效：有利尿消肿、收缩子宫的作用。

5.3.75　木犀科

193. 桂花

亚分类：木犀科木犀属。
别　名：木樨、九里香。
拉丁名：*Osmanthus fragrans*。
特　性：常绿乔木或灌木。叶片革质，椭圆形、长椭圆形或椭圆状披针形，先端渐尖，基部渐狭呈楔形或宽楔形，全缘或通常上半部具细锯齿，两面无毛。聚伞花序簇生于叶腋，或近于帚状，花极芳香，花黄白色、淡黄色、黄色或桔红色，花期 9—10 月上旬，果期翌年 3 月，果歪斜，椭圆形，紫黑色。
功　效：散寒破结，化痰止咳。

194. 迎春花

亚分类：木犀科素馨属。
别　名：迎春、黄素馨。
拉丁名：*Jasminum nudiflorum*。
特　性：落叶灌木。枝条细长，呈拱形下垂生长，侧枝四棱形，绿色。三出复叶对生，小叶卵状椭圆形，表面光滑，全缘。花单生于叶腋间，先于叶开放，花冠高脚杯状，鲜黄色，顶端 6 裂，或成复瓣，花期 2—4 月。生长在湖边、溪畔、桥头、墙隅。
功　效：消肿化瘀，清热利尿，消炎。

195. 女贞

亚分类：木犀科女贞属。
别　名：桢木、将军树。
拉丁名：*Ligustrum lucidum*。
特　性：常绿灌木或乔木。叶片常绿，革质，卵形，先端锐尖至渐尖或钝，基部圆形或近圆形，有时宽楔形或渐狭，叶全缘。圆锥花序顶生，花白色，花期5—7月，果期7月至翌年5月，果肾形或近肾形，深蓝黑色，成熟时呈红黑色，被白粉。生于海拔2 900米以下疏、密林中。
功　效：成熟果实晒干为中药“女贞子”，可明目、乌发、补肝肾。

5.3.76 玄参科

196. 南方泡桐

亚分类：玄参科泡桐属。

别　名：白花泡桐、空桐木。

拉丁名：*Paulownia australis*。

特　性：高大乔木。假二杈分枝。单叶，对生，叶大，心脏形至长卵状心脏形，基部心形，全缘、波状或3～5浅裂，在幼株中常具锯齿，多毛，无托叶，柄上有绒毛。花大，淡紫色或白色，花冠漏斗状钟形至管状漏斗形，花期3—4月，果期7—8月，蒴果卵形或椭圆形，熟后背缝开裂，种子多数为长圆形，两侧具有条纹的翅。

功　效：祛风解毒，消肿止痛。

197. 阿拉伯婆婆纳

亚分类：玄参科婆婆纳属。
别　名：波斯婆婆纳。
拉丁名：*Veronica persica*。
特　性：一年生或二年生草本。铺散多分枝，茎密生两列多细胞柔毛。叶2～4对(腋内生花的称苞片)，具短柄，卵形或圆形，基部浅心形，平截或浑圆，边缘具钝齿，两面疏生柔毛。总状花序很长，苞片互生，花冠蓝色、紫色或蓝紫色，花期3—5月，蒴果肾形，被腺毛，成熟后几乎无毛，网脉明显，种子背面具深的横纹。生于田间、路边及荒野。
功　效：祛风除湿、壮腰、截疟。

198. 通泉草

亚分类：玄参科通泉草属。

拉丁名：*Mazus japonicus*。

特　性：一年生草本。无毛或疏生短柔毛。基生叶少到多数，有时成莲座状或早落，倒卵状匙形至卵状倒披针形，基部楔形，下延成带翅的叶柄，边缘具不规则的粗齿或基部有1～2片浅羽裂，茎生叶对生或互生，少数，与基生叶相似或几乎等大。总状花序，花冠白色、紫色或蓝色，花果期4—10月，蒴果球形，种子小而多数，黄色。生于湿润的草坡、沟边、路旁及林缘。

功　效：解毒，健胃，止痛。

5.3.77　桔梗科

199. 羊乳

亚分类：桔梗科党参属。
别　名：奶树、四叶参。
拉丁名：*Codonopsis lanceolata*。
特　性：多年生蔓生草本。茎攀援细长，带紫色。叶在茎上的互生，在枝上的通常2～4片簇生，或对生状，或近于轮生状，长圆状披针形、披针形至椭圆形，先端尖，基部楔形，全缘，或稍有疏生的微波状齿，有短柄。花冠外面乳白色，内面深紫色，钟形，花期8—10月，蒴果圆锥形。生于溪边、路边、林旁及灌木林中。
功　效：益气养阴，解毒消肿，排脓。

5.3.78 茜草科

200. 香果树

亚分类：茜草科香果树属。

拉丁名：*Emmenopterys henryi*。

特　性：落叶大乔木。叶纸质或革质，阔椭圆形、阔卵形或卵状椭圆形，顶端短尖或骤然渐尖，稀钝，基部短尖或阔楔形，全缘，托叶大，三角状卵形，早落。花芳香，变态的叶状萼裂片白色、淡红色或淡黄色，纸质或革质，匙状卵形或广椭圆形，花冠漏斗形，白色或黄色，花期6—8月，果期8—11月，蒴果长圆状卵形或近纺锤形，无毛或有短柔毛，有纵细棱，种子多数，小而有阔翅。生于常绿、落叶阔叶混交林内。古老孑遗植物，中国特有单种属珍稀树种。

功　效：湿中和胃，降逆止呕。

201. 茜草

亚分类：茜草科茜草属。
别　名：血茜草、血见愁。
拉丁名：*Rubia cordifolia*。
特　性：草质攀援藤木。根状茎和其节上的须根均为红色，茎数至多条，有4棱，棱上生倒生皮刺。叶通常4片轮生，纸质，披针形或长圆状披针形，两面粗糙，叶柄有倒生皮刺。聚伞花序腋生和顶生，花冠淡黄色，干时淡褐色，花期8—9月，果期10—11月，果球形，成熟时橘黄色。生于山坡、路旁、溪边、山谷阴湿处。
功　效：凉血止血，祛瘀，通经。

202. 拉拉藤

亚分类：茜草科拉拉藤属。
别　名：猪殃殃、八仙草。
拉丁名：*Galium aparine* var. *echinosprmum*。
特　性：多枝、蔓生或攀援状草本。茎有 4 棱角，棱上、叶缘、叶脉上均有倒生的小刺毛。叶纸质或近膜质，轮生，带状倒披针形或长圆状倒披针形，两面常有紧贴的刺状毛，常萎软状，干时常卷缩，近无柄。聚伞花序腋生或顶生，花冠黄绿色或白色，辐状，花期 3—7 月，果期 4—11 月，果干燥，密被钩毛。生于山坡、旷野、沟边、河滩、田中。
功　效：有清热、利尿解毒、消肿止痛的效用。

203. 六月雪

亚分类：茜草科六月雪属。
别　名：满天星、白马骨。
拉丁名：*Serissa japonica*。
特　性：常绿小灌木，有臭气。叶革质，柄短。花单生或数朵丛生于小枝顶部或腋生，花冠淡红色或白色，花柱长突出，花期 5—7 月。生于河溪边或丘陵的杂木林内。
功　效：健脾利湿，舒肝活血。

204. 狭叶栀子

亚分类：茜草科栀子属。
别　名：雀舌栀子、小花栀子。
拉丁名：*Gardenia jasminoides*。
特　性：常绿灌木。单叶对生或3叶轮生，叶片倒卵形，革质，翠绿有光泽。花单生枝顶或叶腋，白色，浓香，花冠高脚碟状，6裂，肉质，花期6—8月。果熟期10月，浆果卵形，黄色或橙色。
功　效：清肺止咳，凉血止血。

205. 栀子

亚分类：茜草科栀子属。
别　名：黄栀子。
拉丁名：*Gardenia jasminoides*。
特　性：常绿灌木。叶对生，革质，稀为纸质，少为 3 枚轮生，叶长圆状披针形、倒卵状长圆形、倒卵形或椭圆形，无毛，托叶膜质。花芳香，通常单朵生于枝顶，花冠白色或乳黄色，高脚碟状，花期 3—7 月，果期 5 月至翌年 2 月，果卵形，黄色或橙红色，有翅状纵棱 5～9 条。多栽培。
功　效：泻火除烦，清热利尿，凉血解毒。

5.3.79 忍冬科

206. 糯米条

亚分类：忍冬科六道木属。
别　名：茶树条。
拉丁名：*Abelia chinensis*。
特　性：落叶多分枝灌木。叶有时3片轮生，圆卵形至椭圆状卵形，顶端急尖或长渐尖，基部圆或心形，边缘有稀疏圆锯齿，上面初时疏、被短柔毛，下面基部主脉及侧脉密、被白色长柔毛。多数聚伞花序集合成一圆锥状花簇，花芳香，花冠白色至红色，漏斗状，花期7—8月，果熟期10月，瘦果。在南方山地常见。
功　效：清热解毒，凉血止血。

207. 忍冬

亚分类：忍冬科忍冬属。
别　名：金银花、金银藤。
拉丁名：*Lonicera japonica*。
特　性：半常绿多年生藤本。幼枝桔红褐色，密被黄褐色毛，下部常无毛。叶纸质，卵形至矩圆状卵形。唇形花有淡香，初开为白色，后转为黄色，花期4—6月（秋季亦常开花），果熟期10—11月，果实圆形，熟时蓝黑色。生于山坡灌丛或疏林中、路旁及村庄篱笆边。
功　效：宣散风热。

208. 珊瑚树

亚分类：忍冬科荚蒾属。
别　名：早禾树、法国冬青。
拉丁名：*Viburnum odoratissimum*。
特　性：常绿灌木或小乔木。叶革质，椭圆形至矩圆形或矩圆状倒卵形至倒卵形，边缘上部有不规则浅波状锯齿或近全缘，两面无毛或脉上散生簇状微毛。花芳香，白色，后变黄白色，有时微红，花期4—5月(有时不定期开花)，果熟期7—9月，果实先红色后变黑色，卵圆形或卵状椭圆形。
功　效：多栽培，可作森林防火屏障木材。

5.3.80 苦苣苔科

209. 绢毛马铃苣苔

亚分类： 苦苣苔科马铃苣苔属。

拉丁名： *Oreocharis sericea*。

特 性： 多年生无茎草本。根状茎短而粗，叶全部基生，具柄，叶片长圆状椭圆形、椭圆形或宽椭圆形，顶端锐尖，基部近圆形，边缘具浅齿至近全缘，两面被淡褐色绢状柔毛，有时脱落至近无毛。花冠细筒状，紫色、紫红色，花期 6—7 月，果期 8 月，蒴果线状长圆形，无毛。生于山坡、山谷、林下阴湿岩石上。

5.3.81 车前草科

210. 车前草

亚分类：车前草科车前草属。
别　名：车轮菜、当道。
拉丁名：*Plantago asiatica*。
特　性：多年生草本。具须根。叶基生，具长柄，基部扩大，叶片卵形或椭圆形，全缘或呈不规则波状浅齿。花茎自基部抽出，穗状花序，花淡绿色，花期6—9月。果期7—10月，蒴果卵状圆锥形。生长在山野、路旁、花圃、河边等地。
功　效：利水通淋，清热解毒，清肝明目，祛痰，止泻。

5.3.82 菊科

211. 蓟

亚分类：菊科蓟属。
别 名：大刺儿菜、大刺盖。
拉丁名：*Cirsium japonicum*。
特 性：多年生草本。根簇生，圆锥形，肉质，表面棕褐色。茎直立，有细纵纹，基部有白色丝状毛。叶卵形或椭圆形，羽状深裂或几全裂，基部渐狭成短或长翼柄，柄翼边缘有针刺及刺齿。头状花序直立，小花红色或紫色，瘦果压扁，偏斜楔状倒披针状，顶端斜截形。生于山坡、草地、路旁。
功 效：凉血止血，祛瘀消肿。

212. 南蓟

亚分类：菊科蓟属。
别　名：小蓟、刺牙菜。
拉丁名：*Cirsium argyracanthum*。
特　性：多年生草本。茎直立，有纵槽，幼茎被白色蛛丝状毛。叶互生，椭圆形或长椭圆状披针形，先端钝，边缘齿裂，有不等长的针刺，两面均被蛛丝状绵毛。头状花序顶生，雌雄异株，总苞钟状、花管状，淡紫色，花期5—6月，果期5—7月，瘦果椭圆形或长卵形，具纵棱，冠毛羽状。野生于荒地、草地、路旁、田间、林缘及溪旁。
功　效：凉血止血，祛瘀消肿。

213. 藿香蓟

亚分类：菊科藿香蓟属。
别　名：绪丝花、猫脚花。
拉丁名：*Ageratum conyzoides*。
特　性：一年生草本。全株有臭味。叶广椭圆形，齿裂，对生。头状花序 4～18 个，在茎顶排成通常紧密的伞房状花序，花淡紫色或浅蓝色，瘦果黑褐色，5 棱，有白色稀疏细柔毛。生于山谷、山坡林下或河边、山坡草地、田边。
功　效：清热解毒，消肿止血。

214. 三叶鬼针草

亚分类：菊科鬼针草属。

拉丁名：*Bidens pilosa*。

特　性：一年生草本。叶纸质，茎下部叶较小，两侧小叶椭圆形或卵状椭圆形，条状披针形，总苞基部被短柔毛。在茎顶或叶腋处可见淡棕色头状花序或果实脱落后残存的盘状花托，瘦果黑色，顶端芒刺3～4枚，具倒刺毛。生于村旁、路边及荒地中。

功　效：清热解毒，散瘀活血。

215. 狼把草

亚分类：菊科鬼针草属。

别　名：鬼叉、鬼针、鬼刺。

拉丁名：*Bidens tripartita*。

特　性：一年生草本。叶对生，无毛，叶柄有狭翅，中部叶通常羽状，3～5 裂，顶端裂片较大，椭圆形或长椭圆状披针形，边缘有锯齿；上部叶 3 深裂或不裂。头状花序顶生或腋生，直径 1～3 厘米；总苞片多数，外层倒披针形，叶状，长 1～4 厘米，有睫毛；花黄色，全为两性管状花。瘦果扁平，倒卵状楔形，边缘有倒刺毛，顶端有芒刺 2 枚，少有 3～4 枚，两侧有倒刺毛。

功　效：治气管炎、肺结核、咽喉炎、扁桃体炎、痢疾、丹毒、癣疮。

216. 剑叶金鸡菊

亚分类：菊科金鸡菊属。
别　名：狭叶金鸡菊。
拉丁名：*Coreopsis lanceolata*。
特　性：多年生草本。高30～70厘米，茎直立，无毛或基部被软毛，上部有分枝。叶在茎基部成对簇生，有长柄，叶片匙形或线状倒披针形，基部楔形，顶端钝或圆形，茎上部叶少数，全缘或三深裂，叶柄通常长6～7厘米，基部膨大，有缘毛，上部叶无柄；头状花序在茎端单生，径4～5厘米。总苞片内外层近等长，披针形，长6～10毫米，顶端尖。舌状花黄色，舌片倒卵形或楔形，管状花狭钟形，瘦果，花期5—9月。中国各地庭园常有栽培。
功　效：其全草可入药，具有清热解毒和降压等功效。

217. 马兰

亚分类：菊科马兰属。
别　名：鱼鳅串、泥鳅串。
拉丁名：*Kalimeris indica*。
特　性：多年生宿根性草本植物。基部叶在花期枯萎，茎部叶倒披针形或倒卵状矩圆形，基部渐狭成具翅的长柄，边缘从中部以上具有钝或尖齿，或有羽状裂片，上部叶小，全缘。头状花序，花托圆锥形，舌状花1层，浅紫色，管状花，被短密毛，花期5—9月，果期8—10月，瘦果倒卵状矩圆形。生于菜园、农田、路旁。
功　效：败毒抗癌，凉血散淤，清热利湿，消肿止痛。

218. 白头婆

亚分类：菊科泽兰属。

拉丁名：*Eupatorium japonicum*。

特　性：多年生草本。叶对生，叶椭圆形或椭圆状披针形，边缘有锯齿，被皱状长或短柔毛以及黄色腺点，下面毛较密，有短柄。头状花序，多数，排列成伞房状，花冠白色，花期 7—9 月，果期 8—10 月，瘦果椭圆状，黑褐色，5 棱，有多熟黄色腺点，无毛。生于山坡草地、密疏林下及河岸水旁。

功　效：活血化瘀，行水消肿，解毒。

219. 苍耳

亚分类：菊科苍耳属。
别　名：小刺猬、卷耳。
拉丁名：*Xanthium sibiricum*。
特　性：一年生草本。叶卵状三角形，顶端尖，基部浅心形至阔楔形，边缘有不规则的锯齿或常成不明显的3浅裂，基三出脉，两面有贴生糙伏毛，叶柄密被细毛。雄性的头状花序为球形，花冠钟形；雌性的头状花序为宽卵形或椭圆形，绿色，淡黄色，花期7—8月，果期9—10月，瘦果，长椭圆形或卵形，表面具钩刺和密生细毛。生于低山、荒野、路边、沟旁。
功　效：散风除湿，通窍止痛。

220. 野茼蒿

亚分类：菊科野茼蒿属。
别　名：革命菜、昭和草。
拉丁名：*Crassocephalum crepidioides*。
特　性：一年生直立草本植物。茎有纵条纹。叶互生，卵形或长圆状椭圆形，先端渐尖，基部楔形，边缘有重锯齿或有时基部羽状分裂，两面近无毛。头状花序排成圆锥状生于枝顶，花全为两性，管状，粉红色，冠毛白色，绢毛状，随风飘散，花果期 7—12 月，瘦果狭圆柱形，赤红色，具肋。常生于荒地、路旁、林下和水沟边。
功　效：健脾消肿，清热解毒。

221. 鼠麴草

亚分类：菊科鼠麴草属。
别　名：面蒿、清明菜。
拉丁名：*Gnaphalium affine*。
特　性：一年生草本。茎有沟纹，被白色厚棉毛。叶无柄，匙状倒披针形或倒卵状匙形，具刺尖头，两面被白色棉毛。头状花序较多或较少数，在枝顶密集成伞房花序，花黄色至淡黄色，花期 1—4 月，果期 8—11 月，瘦果倒卵形、倒卵状圆柱形。生于低海拔干地、湿润草地或稻田。
功　效：镇咳，祛痰。

5.3.83 棕榈科

222. 棕榈

亚分类：棕榈科棕榈属。
别　名：唐棕、中国扇棕。
拉丁名：*Trachycarpus fortunei*。
特　性：长绿乔木。树干圆柱形，直立无分枝，干上具环状叶痕呈节状。叶圆扇形，簇生于树干顶端向外展开，掌状深裂至中部以下，成多数的披针形裂片，叶柄两侧有锯齿，叶基的苞片扩大成黄褐色或黑褐色的纤维状鞘包被树干，通称棕皮或棕片。花单性，淡黄色而细小，初出苞的花穗花小，多数密集如鱼子，花期4—5月，10—11月果熟，核果球状或呈肾形。
功　效：通常仅见栽培，是一种经济树种。

5.3.84　天南星科

223. 一把伞南星

亚分类：天南星科天南星属。
别　名：天南星、白南星。
拉丁名：*Arisaema erubescens*。
特　性：多年生草本。块茎扁球形，顶部扁平，周围生根。叶1片基生，叶片放射状分裂，裂片7～20片，披针形至椭圆形，长8～24厘米，顶端具线形长尾尖，全缘，叶柄长，圆柱形，肉质，下部成鞘，具白色和散生紫色纹斑。总花梗比叶柄短，佛焰苞绿色和紫色，有时是白色条纹，肉穗花序单性，雌雄异株，无花被，雄蕊2～4枚。浆果红色、球形。生于林下、山谷、河岸或荒地草丛中。
功　效：以球状块茎供药用，具有祛风定惊、化痰散结的功能。

224. 灯台莲

亚分类：天南星科天南星属。

拉丁名：*Arisaema Sikokianum*。

特　性：多年生宿根草本。块茎扁球形，叶常单1片，叶片鸟趾状分裂，裂片13～19片，花柄从叶鞘中抽出，佛焰苞绿色，下部管状，上部下弯近成盔状。肉穗状花序，单性雄花在下部，花序轴顶端的附属体鼠尾状，伸出，花期4—5月，果期7—9月，浆果熟时红色。生于山坡、山谷阴湿处。

功　效：化痰，祛风止痉，散结消肿。

225. 石蜘蛛

亚分类：天南星科半夏属。

别　名：滴水珠、一面锣。

拉丁名：*Pinellia cordata*。

特　性：多年生草本。块茎球形，表面密生多数须根。叶1片，叶柄常紫色或绿色带紫斑，下部及顶头各有珠芽1枚，叶片心形，表面绿色、暗绿色，背面淡绿色或红紫色。肉穗状花序，花期3—6月，果期8—9月成熟，浆果长圆状卵形。生于阴湿的草丛中、岩石边和陡峭的石壁上。

功　效：解毒散结，止痛通窍。

226. 半夏

亚分类：天南星科半夏属。
别　名：三叶半夏、半月莲。
拉丁名：*Pinellia ternata*。
特　性：多年生草本植物。块茎近球形，基生叶 1～4 片，叶出自块茎顶端，叶柄下部有一白色或棕色珠芽，叶片 3 全裂，绿色，背淡。初夏开黄绿色花，花期 5—7 月，果 8 月成熟，浆果卵圆形，黄绿色。野生于山坡、溪边阴湿的草丛中或林下。
功　效：燥湿化痰，降逆止呕，消痞散结。

5.3.85　鸭跖草科

227. 鸭跖草

亚分类：鸭跖草科鸭趾草属。
别　名：碧竹子、淡竹叶。
拉丁名：*Commelina communis*。
特　性：一年生披散草本。茎匍匐生根，多分枝。叶披针形至卵状披针形，互生。花朵为聚花序，顶生或腋生，雌雄同株，花瓣为深蓝色，花苞呈佛焰苞状，绿色，蒴果椭圆形，种子棕黄色，一端平截、腹面平，有不规则窝孔。常见生于湿地。
功　效：清热，凉血，解毒。

5.3.86 莎草科

228. 莎草

亚分类：莎草科莎草属。

别　名：香附子。

拉丁名：*Cyperus rotundus*。

特　性：多年生草本。根状茎。叶基生或秆生。花序多样，小穗单生，花两性或单性，雌雄同株，花丝线形，花药底着，果实为小坚果，三稜形、双凸状、平凸状或球形。多生长在潮湿处或沼泽地。

功　效：疏肝理气，调经止痛。

229. 短叶水蜈蚣

亚分类：莎草科水蜈蚣属。

别　名：蜈蚣草、三荚草。

拉丁名：*Kyllinga brevifolia*。

特　性：多年生草本。丛生。全株光滑无毛。根状茎柔弱，匍匐平卧于地下，形似蜈蚣，节多数。秆成列散生，纤弱，扁三棱形，平滑。叶窄线形，基部鞘状抱茎，最下 2 个叶鞘呈干膜质。夏季从秆顶生一球形、黄绿色的头状花序，坚果卵形，极小。生长于水边、路旁及旷野湿地。

功　效：治疗感冒风寒、寒热头痛、筋骨疼痛等。

230. 花葶苔草

亚分类：莎草科苔草属。

别　名：翻天红、落地蜈蚣。

拉丁名：*Carex scaposa*。

特　性：多年生草本。秆粗壮，有三钝棱，疏被短粗毛。基生叶狭椭圆形至条状椭圆形，秆生叶退化，仅具叶鞘。圆锥花序，花果期 4～11 月，果囊卵状椭圆形，三棱形，小坚果卵形，有三棱。常生于林下、水边。

功　效：消肿止痛。

5.3.87　禾本科

231. 狗尾草

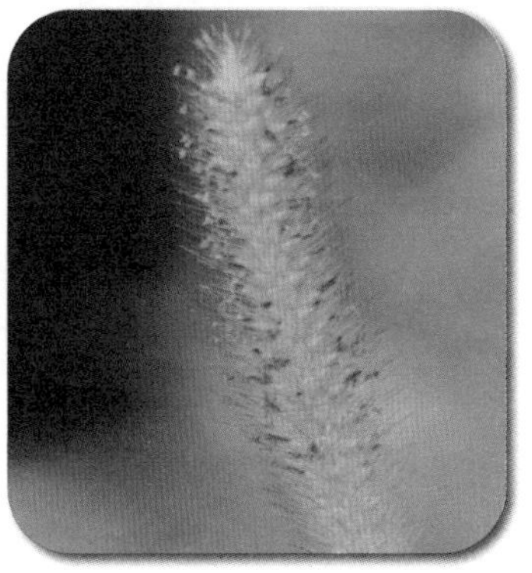

亚分类：禾本科狗尾草属。
别　名：谷莠子、狗尾巴草。
拉丁名：*Setaria viridis*。
特　性：一年生草本植物。秆疏丛生，直立或基部膝曲上升。叶片条状披针形，叶鞘松弛，光滑，鞘口有毛，叶舌毛状。圆锥花序呈圆柱状，直立或稍弯垂，刚毛绿色或变紫色。生长于荒野、道旁。
功　效：有除热、去湿、消肿的作用。

5.3.88 百合科

232. 百合

亚分类：百合科百合属。
别　名：番韭、山丹。
拉丁名：*Lilium brownii*。
特　性：多年生球根草本。单叶，互生，狭线形，无叶柄，直接包生于茎秆上，叶脉平行。花着生于茎秆顶端，呈总状花序，簇生或单生，花朵大，多为黄色、白色、粉红、橙红，有的具紫色或黑色斑点，花瓣有平展的、向外翻卷的，花期6—7月，果期7—10月，花落结长椭圆形蒴果，种子多数，卵形，扁平。生长于山野林内及草丛中。
功　用：具观赏性。

233. **大百合**

亚分类： 百合科大百合属。

拉丁名： *Cardiocrinum giganteum*。

特 性： 多年生球根草本。地下部基生叶的叶柄基部膨大形成鳞茎，开花后凋萎。叶基生或茎生，卵状心形。总状花序顶生，花茎高大，中空，无毛，花喇叭型，白色，花期6—7月，果期9—10月，蒴果近球形，棕黄色，种子扁钝三角形，淡棕色，具膜质狭翅。生长于海拔1 450～2 800米的阴湿山谷、沟旁林中。

功 效： 治咳喘病。

234. 紫海葱

亚分类：百合科油点草属。
别　名：油点草。
拉丁名：*Tricyrtis macropoda*。
特　性：多年生草本。茎上部疏生或密生短的糙毛。叶卵状椭圆形、矩圆形至矩圆状披针形，两面疏生短糙伏毛，基部心形抱茎或圆形而近无柄，边缘具短糙毛。二歧聚伞花序顶生或生于上部叶腋，花疏散，花被片绿白色或白色，内面具多数紫红色斑点，开放后自中下部向下反折，花果期 6—10 月，蒴果直立。常生长在山地林下、草丛中和岩石缝隙中。
功　效：治疗肺虚咳嗽。

235. 玉簪

亚分类：百合科玉簪属。
别　名：白萼、白鹤仙。
拉丁名：*Hosta plantaginea*。
特　性：多年生宿根草本。根状茎粗厚，叶卵状心形、卵形或卵圆形，先端近渐尖，基部心形，具6～10对侧脉。花葶高40～80厘米，具几朵至十几朵花，花单生或2～3朵簇生，白色，芬香，花果期8—10月，蒴果圆柱状，有三棱。生于海拔2 200米以下的林下、草坡或岩石边。
功　效：消肿，解毒，止血。

236. 长梗黄精

亚分类：百合科黄精属。

拉丁名：*Polygonatum filipes*。

特　性：多年生草本。根状茎连珠状或有时“节间”稍长。叶互生，矩圆状披针形至椭圆形，下面脉上有短毛。花序具2～7朵花，花被淡黄绿色。浆果直径约8毫米，具2～5颗种子。生于林下、灌丛或草坡。

功　效：健脾益气，滋肾填精，润肺养阴。

237. 华重楼

亚分类：百合科重楼属。
别　名：七叶莲、七叶一枝花。
拉丁名：*Paris polyphylla* var. *Chinensis*。
特　性：多年生草本，茎直立。叶5～8片轮生于茎顶，叶片长圆状披针形、倒卵状披针形或倒披针形。花梗从茎顶抽出，通常比叶长，顶生一花，萼片4～6片，叶状，绿色，花被片细线形，黄色或黄绿色，花期5—7月，果期8—10月，蒴果球形，种子有红色肉质假种皮。生于山坡林下及灌丛阴湿处、河边和背阴山。
功　效：清热解毒，消肿止痛，晾肝定惊。

5.3.89 石蒜科

238. 朱顶红

亚分类：石蒜科朱顶红属。
别　名：红花莲、对红、百子莲。
拉丁名：*Hippeastrum rutilum*。
特　性：多年生草本。鳞茎近球形。叶6～8片，花后抽出，鲜绿色。花茎中空，稍扁，具有白粉，花被管绿色，圆筒状，花被裂片长圆形，顶端尖，洋红色，略带绿色，喉部有小鳞片。花期为夏季。
功　用：多栽培，供观赏。

239. 葱莲

亚分类：石蒜科葱莲属。

别 名：玉帘。

拉丁名：*Zephyranthes candida*。

特 性：多年生常绿草本。有皮鳞茎卵形，略似晚香玉或独头蒜的鳞茎，直径较小，有明显的长颈。叶基生，肉质线形，暗绿色。花葶较短，中空，花单生，花被 6 片，白色、红色、黄色，长椭圆形至披针形，蒴果近球形，种子黑色，扁平。生长在路边。

功 效：有平肝、宁心、熄风的作用。

240. 韭莲

亚分类：石蒜科葱莲属。
别　名：空心韭菜。
拉丁名：*Zephyranthes grandiflora*。
特　性：多年生草本。鳞茎卵形，外皮黑褐色，膜质，内侧基部生小鳞茎。叶绿色，稍肉质，线形，背面隆起，腹面内凹，横切面为新月形，下部扩大为鞘，相互抱卷呈圆柱形，外被褐色外皮所包，叶基即为鳞茎中的鳞瓣。花单朵顶生，淡紫红色，花期5—9月，蒴果近球形，种子黑色。生长在路边。
功　效：散热解毒，活血凉血。

5.3.90　薯蓣科

241. 黄独

亚分类：薯蓣科薯蓣属。

别　名：黄药子、山慈姑。

拉丁名：*Dioscorea bulbifera*。

特　性：多年生草本野生藤蔓。块茎卵圆形或梨形，外皮紫黑色，密布须根，茎左旋。单叶互生，广心状形，叶全缘。单性花，雄花序穗状下垂，丛生于叶腋、花小密集，浅绿白色，花期7—10月，果期8—11月，茎中结有若干卵圆形小球，似山药豆。多生于河谷边、山谷阴沟或杂木林边缘。

功　效：主治甲状腺肿大、淋巴结核、咽喉肿痛。

5.3.91 兰科

242. 白芨

亚分类：兰科白芨属。
别　名：连及草、甘根。
拉丁名：*Bletilla striata*。
特　性：多年生草本。根茎(或称假鳞茎)三角状扁球形或不规则菱形，肉质，肥厚，富黏性，常数个相连。茎直立。叶片 3～5 片，披针形，全缘。总状花序顶生，花紫色或淡红色，雄蕊与雌蕊合为蕊柱，两侧有狭翅，花期 4—5 月，果期 7—9 月，蒴果圆柱形。野生于山谷林下处。
功　效：收敛止血，消肿生肌。

5.3.92　鸢尾科

243. 唐菖蒲

亚分类:	鸢尾科唐菖蒲属。
别　名:	菖兰、剑兰。
拉丁名:	*Gladiolus gandavensis*。
特　性:	多年生草本。球茎扁圆球形。叶基生或在花茎基部互生，剑形，嵌迭状排成 2 列，灰绿色。蝎尾状单歧聚伞花序，花期 7—9 月，果期 8—10 月，蒴果椭圆形或倒卵形，成熟时室背开裂，种子扁而有翅。多栽培。
功　效:	解毒散瘀，消肿止痛。

5.3.93 灯心草科

244. 灯心草

亚分类：灯心草科灯心草属。
别　名：秧草、水灯心、灯芯草。
拉丁名：*Juncus effuses*。
特　性：多年生草本水生植物。地下茎短，匍匐性。秆丛生直立，圆筒形，实心，茎基部具棕色，退化呈鳞片状鞘叶。穗状花序，顶生，在茎上呈假侧生状，基部苞片延伸呈茎状，褐黄色蒴果，卵形或椭圆形，种子黄色呈倒卵形。生于湿地或沼泽边。
功　效：清热，利水渗湿。

5.3.94　美人蕉科

245. 美人蕉

亚分类：美人蕉科美人蕉属。

别　名：兰蕉。

拉丁名：*Canna indica*。

特　性：多年生宿根草本。根茎肥大，地上茎肉质，不分枝。茎叶具白粉，叶互生，宽大，长椭圆状披针形，阔椭圆形。总状花序自茎顶抽出，花瓣直伸，具 4 枚瓣化雄蕊，花色有乳白、鲜黄、橙黄、橘红、粉红、大红、紫红、复色斑点等，在北方花期为 6—10 月，在南方花期为全年。

功　用：观赏花卉。

5.3.95 雨久花科

246. 凤眼蓝

亚分类:	雨久花科凤眼蓝属。
别　名:	水浮莲、水葫芦。
拉丁名:	*Eichhornia crassipes*。
特　性:	浮水草本。须根发达,棕黑色,茎极短,具长匍匐枝。叶在基部丛生,莲座状排列,叶片圆形、宽卵形或宽菱形,叶柄长短不等,中部膨大成囊状或纺锤形,叶柄基部有鞘状苞片,黄绿色,薄而半透明。花葶从叶柄基部的鞘状苞片腋内伸出,多棱,穗状花序,紫蓝色,花期7—10月,果期8—11月,蒴果卵形。在向阳、平静的水面或潮湿肥沃的边坡生长。
功　效:	清热解暑,利尿消肿。

植物中文名索引

参考文献

[1] 中国科学院中国植物志编辑委员会. 中国植物志(第一部). 科学出版社,1985.

[2] 江西植物志编辑委员会. 江西植物志(第一卷). 江西科学技术出版社,1993.

[3] 吴征镒等. 中国被子植物科属综论. 科学出版社,2004.

[4] 张宏达等. 种子植物系统学. 科学出版社,2006.

[5] 汪劲武. 种子植物分类学. 高等教育出版社,2009.

[6] 陆时万,徐祥生,沈敏健. 植物学(上册)(第二版). 高等教育出版社,1991.

[7] 吴国芳等. 植物学(下册)(第二版). 高等教育出版社,1991.

[8] 吴国芳等. 种子植物图谱. 高等教育出版社,1989.

[9] 中国科学院植物研究所古植物孢粉组,华南植物研究所形态研究室. 中国热带亚热带被子植物花粉形态. 科学出版社,1982.

[10] 陈邦杰等. 中国的真菌. 科学出版社. 1963.

[11] 斯特弗鲁(F. A. Stafleu)等编,赵士洞译. 国际植物命名法规. 科学出版社,1984.

[12] 李正理等. 植物解剖学. 高等教育出版社,1983.

[13] 张宪春. 中国石松类和蕨类植物. 北京大学出版社,2012.

[14] 陈少风,谢庆红,程景福. 江西蕨类植物新记录. 植物研究,1997,**17**(1):56—57.

[15] 马炜梁,王幼芳,李宏庆. 植物学. 高等教育出版社,2009.

[16] 郑相如,王丽. 植物学(第二版). 中国农业大学出版社,2007.

[17] 翟中和,王喜忠,丁明孝. 细胞生物学(第四版). 高等教育出版社,2011.

[18] APG IV (2016) An update of the Angiosperm Phylogeny Group classification for the orders and families of flowering plants: APG IV. *Botanical Journal of the Linnean Society*, 181,1 - 20.

图书在版编目(CIP)数据

江西武夷山植物野外实习手册/徐卫红主编. —上海：复旦大学出版社,2017.9
弘教系列教材
ISBN 978-7-309-13038-6

Ⅰ. 江… Ⅱ. 徐… Ⅲ. 武夷山-植物学-教育实习-高等学校-教学参考资料
Ⅳ. Q94-45

中国版本图书馆 CIP 数据核字(2017)第 152623 号

江西武夷山植物野外实习手册
徐卫红 主编
责任编辑/梁 玲

复旦大学出版社有限公司出版发行
上海市国权路 579 号 邮编：200433
网址：fupnet@fudanpress.com http://www.fudanpress.com
门市零售：86-21-65642857 团体订购：86-21-65118853
外埠邮购：86-21-65109143 出版部电话：86-21-65642845
常熟市华顺印刷有限公司

开本 890×1240 1/32 印张 12.875 字数 341 千
2017 年 9 月第 1 版第 1 次印刷

ISBN 978-7-309-13038-6/Q·104
定价：62.50 元